智能制造系列教材

制造系统中的信息集成技术

INFORMATION INTEGRATION
TECHNOLOGYIN MANUFACTURING SYSTEM

张智海　杨建新　主编

朱峰　李璠　黄毅　孙林　马俊杰　副主编

清华大学出版社

北京

图书在版编目（CIP）数据

制造系统中的信息集成技术/张智海，杨建新主编.—北京：清华大学出版社，2023.9
（智能制造系列教材）
ISBN 978-7-302-64252-7

Ⅰ.①制… Ⅱ.①张… ②杨… Ⅲ.①集成制造系统－教材 Ⅳ.①TP278

中国国家版本馆 CIP 数据核字（2023）第 138304 号

责任编辑：刘　杨
封面设计：李召霞
责任校对：薄军霞
责任印制：刘海龙

出版发行：清华大学出版社
　　　　　网　　　址：http://www.tup.com.cn，http://www.wqbook.com
　　　　　地　　　址：北京清华大学学研大厦 A 座　　　邮　　编：100084
　　　　　社　总　机：010-83470000　　　　　　　　　邮　　购：010-62786544
　　　　　投稿与读者服务：010-62776969，c-service@tup.tsinghua.edu.cn
　　　　　质量反馈：010-62772015，zhiliang@tup.tsinghua.edu.cn
印　装　者：小森印刷霸州有限公司
经　　　销：全国新华书店
开　　　本：170mm×240mm　　印　张：9.5　　　字　　数：185 千字
版　　　次：2023 年 10 月第 1 版　　　　　　　印　　次：2023 年 10 月第 1 次印刷
定　　　价：32.00 元

产品编号：096803-01

智能制造系列教材编审委员会

主任委员

    李培根   雒建斌

副主任委员

    吴玉厚   吴 波   赵海燕

编审委员会委员（按姓氏首字母排列）

陈雪峰	邓朝晖	董大伟	高 亮
葛文庆	巩亚东	胡继云	黄洪钟
刘德顺	刘志峰	罗学科	史金飞
唐水源	王成勇	轩福贞	尹周平
袁军堂	张 洁	张智海	赵德宏
郑清春	庄红权		

秘书

    刘 杨

多年前人们就感叹,人类已进入互联网时代;近些年人们又惊叹,社会步入物联网时代。牛津大学教授舍恩伯格(Viktor Mayer-Schönberger)心目中大数据时代最大的转变,就是放弃对因果关系的渴求,转而关注相关关系。人工智能则像一个幽灵徘徊在各个领域,兴奋、疑惑、不安等情绪分别蔓延在不同的业界人士中间。今天,5G 的出现使得作为整个社会神经系统的互联网和物联网更加敏捷,使得宛如社会血液的数据更富有生命力,自然也使得人工智能未来能在某些局部领域扮演超级脑力的作用。于是,人们惊呼数字经济的来临,憧憬智慧城市、智慧社会的到来,人们还想象着虚拟世界与现实世界、数字世界与物理世界的融合。这真是一个令人咋舌的时代!

但如果真以为未来经济就"数字"了,以为传统工业就"夕阳"了,那可以说我们就真正迷失在"数字"里了。人类的生命及其社会活动更多地依赖物质需求,除非未来人类生命形态真的变成"数字生命"了,不用说维系生命的食物之类的物质,就连"互联""数据""智能"等这些满足人类高级需求的功能也得依赖物理装备。所以,人类最基本的活动便是把物质变成有用的东西——制造! 无论是互联网、物联网、大数据、人工智能,还是数字经济、数字社会,都应该落脚在制造上,而且制造是其应用的最大领域。

前些年,我国把智能制造作为制造强国战略的主攻方向,即便从世界上看,也是有先见之明的。在强国战略的推动下,少数推行智能制造的企业取得了明显效益,更多企业对智能制造的需求日盛。在这样的背景下,很多学校成立了智能制造等新专业(其中有教育部的推动作用)。尽管一窝蜂地开办智能制造专业未必是一个好现象,但智能制造的相关教材对于高等院校与制造关联的专业(如机械、材料、能源动力、工业工程、计算机、控制、管理⋯⋯)都是刚性需求,只是侧重点不一。

教育部高等学校机械类专业教学指导委员会(以下简称"机械教指委")不失时机地发起编著这套智能制造系列教材。在机械教指委的推动和清华大学出版社的组织下,系列教材编委会认真思考,在 2020 年新型冠状病毒感染疫情正盛之时进行视频讨论,其后教材的编写和出版工作有序进行。

编写本系列教材的目的是为智能制造专业以及与制造相关的专业提供有关智能制造的学习教材,当然教材也可以作为企业相关的工程师和管理人员学习和培训之用。系列教材包括主干教材和模块单元教材,可满足智能制造相关专业的基础课和专业课的需求。

主干教材,即《智能制造概论》《智能制造装备基础》《工业互联网基础》《数据技术基础》《制造智能技术基础》,可以使学生或工程师对智能制造有基本的认识。其中,《智能制造概论》教材给读者一个智能制造的概貌,不仅概述智能制造系统的构成,而且还详细介绍智能制造的理念、意识和思维,有利于读者领悟智能制造的真谛。其他几本教材分别论及智能制造系统的"躯干""神经""血液""大脑"。对于智能制造专业的学生而言,应该尽可能必修主干课程。如此配置的主干课程教材应该是本系列教材的特点之一。

本系列教材的特点之二是配合"微课程"设计了模块单元教材。智能制造的知识体系极为庞杂,几乎所有的数字-智能技术和制造领域的新技术都和智能制造有关,不仅涉及人工智能、大数据、物联网、5G、VR/AR、机器人、增材制造(3D打印)等热门技术,而且像区块链、边缘计算、知识工程、数字孪生等前沿技术都有相应的模块单元介绍。本系列教材中的模块单元差不多成了智能制造的知识百科。学校可以基于模块单元教材开出微课程(1学分),供学生选修。

本系列教材的特点之三是模块单元教材可以根据各所学校或者专业的需要拼合成不同的课程教材,列举如下。

♯课程例1——"智能产品开发"(3学分),内容选自模块:

➢ 优化设计
➢ 智能工艺设计
➢ 绿色设计
➢ 可重用设计
➢ 多领域物理建模
➢ 知识工程
➢ 群体智能
➢ 工业互联网平台

♯课程例2——"服务制造"(3学分),内容选自模块:

➢ 传感与测量技术
➢ 工业物联网
➢ 移动通信
➢ 大数据基础
➢ 工业互联网平台
➢ 智能运维与健康管理

♯课程例3——"智能车间与工厂"(3学分),内容选自模块:

➢ 智能工艺设计
➢ 智能装配工艺

➤ 传感与测量技术

➤ 智能数控

➤ 工业机器人

➤ 协作机器人

➤ 智能调度

➤ 制造执行系统（MES）

➤ 制造质量控制

总之，模块单元教材可以组成诸多可能的课程教材，还有如"机器人及智能制造应用""大批量定制生产"等。

此外，编委会还强调应突出知识的节点及其关联，这也是此系列教材的特点。关联不仅体现在某一课程的知识节点之间，也表现在不同课程的知识节点之间。这对于读者掌握知识要点且从整体联系上把握智能制造无疑是非常重要的。

本系列教材的编著者多为中青年教授，教材内容体现了他们对前沿技术的敏感和在一线的研发实践的经验。无论在与部分作者交流讨论的过程中，还是通过对部分文稿的浏览，笔者都感受到他们较好的理论功底和工程能力。感谢他们对这套系列教材的贡献。

衷心感谢机械教指委和清华大学出版社对此系列教材编写工作的组织和指导。感谢庄红权先生和张秋玲女士，他们卓越的组织能力、在教材出版方面的经验、对智能制造的敏锐性是这套系列教材得以顺利出版的最重要因素。

希望本系列教材在推进智能制造的过程中能够发挥"系列"的作用！

2021 年 1 月

制造业是立国之本，是打造国家竞争能力和竞争优势的主要支撑，历来受到各国政府的高度重视。而新一代人工智能与先进制造深度融合形成的智能制造技术，正在成为新一轮工业革命的核心驱动力。为抢占国际竞争的制高点，在全球产业链和价值链中占据有利位置，世界各国纷纷将智能制造的发展上升为国家战略，全球新一轮工业升级和竞争就此拉开序幕。

近年来，美国、德国、日本等制造强国纷纷提出新的国家制造业发展计划。无论是美国的"工业互联网"、德国的"工业 4.0"，还是日本的"智能制造系统"，都是根据各自国情为本国工业制定的系统性规划。作为世界制造大国，我国也把智能制造作为推进制造强国战略的主攻方向，并于 2015 年发布了《中国制造 2025》。《中国制造 2025》是我国全面推进建设制造强国的引领性文件，也是我国实施制造强国战略的第一个十年的行动纲领。推进建设制造强国，加快发展先进制造业，促进产业迈向全球价值链中高端，培育若干世界级先进制造业集群，已经成为全国上下的广泛共识。可以预见，随着智能制造在全球范围内的孕育兴起，全球产业分工格局将受到新的洗礼和重塑，中国制造业也将迎来千载难逢的历史性机遇。

无论是开拓智能制造领域的科技创新，还是推动智能制造产业的持续发展，都需要高素质人才作为保障，创新人才是支撑智能制造技术发展的第一资源。高等工程教育如何在这场技术变革乃至工业革命中履行新的使命和担当，为我国制造企业转型升级培养一大批高素质专门人才，是摆在我们面前的一项重大任务和课题。我们高兴地看到，我国智能制造工程人才培养日益受到高度重视，各高校都纷纷把智能制造工程教育作为制造工程乃至机械工程教育创新发展的突破口，全面更新教育教学观念，深化知识体系和教学内容改革，推动教学方法创新，我国智能制造工程教育正在步入一个新的发展时期。

当今世界正处于以数字化、网络化、智能化为主要特征的第四次工业革命的起点，正面临百年未有之大变局。工程教育需要适应科技、产业和社会快速发展的步伐，需要有新的思维、理解和变革。新一代智能技术的发展和全球产业分工合作的新变化，必将影响几乎所有学科领域的研究工作、技术解决方案和模式创新。人工智能与学科专业的深度融合、跨学科网络以及合作模式的扁平化，甚至可能会消除某些工程领域学科专业的划分。科学、技术、经济和社会文化的深度交融，使人们可以充分使用便捷的软件、工具、设备和系统，彻底改变或颠覆设计、制造、销售、服务和消费方式。因此，工程教育特别是机械工程教育应当更加具有前瞻性、创新性、开放性和多样性，应当更加注重与世界、社会和产业的联系，为服务我国新的"两步走"宏伟愿景做出更大贡献，为实现联合国可持续发展目标发挥关键性引领作用。

需要指出的是，关于智能制造工程人才培养模式和知识体系，社会和学界存在多种看法，许多高校都在进行积极探索，最终的共识将会在改革实践中逐步形成。我们认为，智能制造的主体是制造，赋能是靠智能，要借助数字化、网络化和智能化的力量，通过制造这一载体把物质转化成具有特定形态的产品（或服务），关键在于智能技术与制造技术的深度融合。正如李培根院士在丛书序1中所强调的，对于智能制造而言，"无论是互联网、物联网、大数据、人工智能，还是数字经济、数字社会，都应该落脚在制造上"。

经过前期大量的准备工作，经李培根院士倡议，教育部高等学校机械类专业教学指导委员会（以下简称"机械教指委"）课程建设与师资培训工作组联合清华大学出版社，策划和组织了这套面向智能制造工程教育及其他相关领域人才培养的本科教材。由李培根院士和雒建斌院士、部分机械教指委委员及主干教材主编，组成了智能制造系列教材编审委员会，协同推进系列教材的编写。

考虑到智能制造技术的特点、学科专业特色以及不同类别高校的培养需求，本套教材开创性地构建了一个"柔性"培养框架：在顶层架构上，采用"主干教材＋模块单元教材"的方式，既强调了智能制造工程人才必须掌握的核心内容（以主干教材的形式呈现），又给不同高校最大程度的灵活选用空间（不同模块教材可以组合）；在内容安排上，注重培养学生有关智能制造的理念、能力和思维方式，不局限于技术细节的讲述和理论知识的推导；在出版形式上，采用"纸质内容＋数字内容"的方式，"数字内容"通过纸质图书中列出的二维码予以链接，扩充和强化纸质图书中的内容，给读者提供更多的知识和选择。同时，在机械教指委课程建设与师资培训工作组的指导下，本系列书编审委员会具体实施了新工科研究与实践项目，梳理了智能制造方向的知识体系和课程设计，作为规划设计整套系列教材的基础。

本系列教材凝聚了李培根院士、雒建斌院士以及所有作者的心血和智慧，是我国智能制造工程本科教育知识体系的一次系统梳理和全面总结，我谨代表机械教指委向他们致以崇高的敬意！

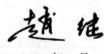

2021 年 3 月

集成化系统建设是制造行业发展的重要工作和必备工程。企业单一业务体系的发展建设已跟不上制造行业转型升级的步伐,建设打破"自动化孤岛、数据孤岛、应用孤岛"的信息集成系统,是当前制造行业的重点和难点问题。

随着信息化的发展,信息集成技术日新月异,智能制造、工业4.0、工业互联网等制造系统得以快速发展。依托信息集成技术形成的制造一体化体系为降低成本、提升制造效率、提高生产质量奠定了一定的基础,为制造行业转型升级提供了重要帮助,也成为推动经济社会发展的新引擎。

目前,对于企业管理人员、业界实践者、学生及学者而言,缺乏针对智能制造系统中信息集成技术相关的教材书籍。同时,对其而言,短时间内快速地了解和掌握制造系统中信息集成技术的相关知识,几乎是不可能的。因此,亟须编写一套涵盖智能制造系统中信息集成技术理论、应用和实践分析的教材。作者基于日常科研工作中对智能制造、信息集成技术的理解和研究,系统地归纳、介绍和分析了制造系统中信息集成的技术、标准、维度(跨产品端到端集成、纵向集成、横向集成)和应用。本书囊括了可以促使读者对制造系统中信息集成技术具有详备理解的理论内容,并且结合制造系统信息集成的实践经验,针对制造系统中的信息集成技术给出了从宏观到微观的全面视图。

本书不仅参考了国内外这一研究领域前沿的学术成果,还邀请了目前产业界较为活跃的几位企业专家进行相关内容的编写,使读者在学习的同时也能够了解产业界最新的技术发展动态。

本书可作为机械自动化、工业工程等智能制造相关专业的模块单元教材,亦可作为计算机科学与技术、各类工程学科的辅修教材。此外,本书也适用于企业技术部门、管理部门相关人员使用,便于其快速了解制造系统中信息集成技术的基础知识和典型应用。

本书第1章、第9章由清华大学张智海副教授编写,第2章、第6章由北京力赢数字智能科技有限公司联合创始人兼CEO黄毅编写,第3章由清华大学杨建新副教授和梁雄讲师编写,第4章由清华大学朱峰讲师编写,第5章由清华大学李璠讲师编写,第7章由德曦(南京)咨询有限公司首席顾问孙林编写,第8章由上海孪数科技公司创始人CEO马俊杰编写。同时感谢和利时集团公司赵赫楠总监、麦肯锡中国公司李铁良总监对第 4 章内容编写的支持；感谢智奇铁路设备有限公司和沧州新兴新材料有限公司为第 9 章的编写提供案例支持；感谢清华大学张延滋博士，博士研究生龚海磊、刘冲、黄森、刘晓航、李兆恩，本科生张岳伟等，对全书内容的整理编辑。

　　感谢张秋玲编审对智能制造系列教材的策划和推进，感谢清华大学出版社为此系列教材出版所做的重大贡献，感谢刘杨编辑为本书出版付出的努力。

　　鉴于作者对制造系统中信息集成技术的理解和认知有限，书中错误在所难免，敬请读者批评指正。

张智海

2022 年 9 月

目 录

CONTENTS

第1章

制造系统信息集成概述

现代制造系统是信息物理相互融合的系统,由各种制造设备(硬件)和信息系统(软件)构成,是现代信息技术与制造技术相结合而产生的各种设备、技术、系统的总称[1]。本章介绍与制造系统信息集成相关的概念,包括现代制造系统及信息集成的必要性及其内涵。

1.1 制造系统

1.1.1 现代制造系统的研究现状

1. 先进制造技术发展现状

随着信息技术的发展,制造技术与信息技术的结合成为现代机械制造的显著特点。现代制造系统将信息技术、制造技术与管理技术集成,应用于产品全生命周期的各个阶段,通过综合机械、计算机、自动化技术等,实现更精密、自动化程度更高、集成度更高的制造过程。制造业信息化主要通过实现数字化设计、数字化装备、数字化制造的开发应用[2],带动产品设计方法和工具的创新,实现产品设计制造的数字化。

数字化设计解决方案是以三维设计为核心,结合产品设计过程的具体需求(如设备空间布局、人机工程校核等)而形成的一套解决方案。数字化装备是在传统机械装备中嵌入传感器、芯片、软件和其他信息元器件,从而形成机械技术与信息技术、机械产品与电子信息产品深度融合的装备或系统。数字化设备极大地推动了制造数字化、网络化和智能化的进程。数字化制造在虚拟现实、计算机网络、快速原型和机器人等技术的支撑下,根据用户的需求,迅速收集资源信息,对产品信息、工艺信息和资源信息进行分析、规划和重组,实现对产品设计和功能的仿真评估,进而快速生产出满足用户需求的产品。

2. 现代管理技术发展现状

现代制造系统的管理主要体现在数字化管理方面。通过工业互联网技术、大数据技术、虚拟现实技术、计算机仿真技术和人工智能的应用[3]，基于信息物理系统(cyber-physical systems,CPS)的智能工厂逐渐取代传统工厂,成为现代制造系统的主要形式。

基于工业互联网、大数据分析的制造管理,在顾客服务模式和生产系统运维中发挥着日益重要的作用。一方面,通过大数据技术可以方便地实时收集、存储表征顾客行为的大数据,挖掘顾客偏好和潜在的行为模式,通过用户画像实现大批量定制化生产,提升顾客个性化服务体验;另一方面,遍布生产系统的各类传感器便捷、低成本地收集制造数据,预测设备的剩余使用寿命,并实时检测产品质量问题,实现制造系统的预防性维护和产品的全生命周期管理。

数字孪生技术作为实现物理与虚拟工厂交互融合的有效途径,利用来自机理模型、数字模型、传感器、运营管理系统等的多源数据,集成多学科、多物理量、多尺度、多维度的仿真过程,在虚拟空间(信息空间)中完成虚实映射,从而反映相应实体装备、生产线、生产车间或生产网络的全生命周期过程。形成从分析到控制再到分析的闭合回路,进而优化制造系统。

随着人工智能技术应用的日益成熟,现代制造系统的"制造"逐渐向"智造"升级转化,人工智能为现代制造系统赋能,在故障诊断、生产排产、系统装配等领域都有广泛应用。

1.1.2 现代制造系统的未来发展趋势

现代制造系统的主要发展目标可概括为实现网络化、智能化、绿色化[4]。

在网络化方面,为快速响应市场需求,企业可以通过制造系统的网络化,有效组织管理分散在各地的制造资源,开展覆盖产品全生命周期的企业间协同和各类资源的共享,设计网络化制造模式,构建网络化制造系统,制定网络化制造协议规范及知识共享平台等,从而高速度、高质量、低成本地为市场提供所需的产品和服务。

在智能化方面,随着信息化技术的发展,为了应对大量复杂的信息、瞬息万变的市场需求和小批量、多品种、高质量的产品需求,现代制造系统应实现信息驱动和生产柔性。其中越来越短的交货周期、越来越快的产品更迭速度、越来越复杂的产品功能结构、越来越高的生产柔性需求都给运营决策带来了极大挑战。通过人工智能为复杂生产系统的运作提供全方位的决策支持,实现具备自感知、自学习、自决策、自执行、自适应等功能的新型生产方式。

在绿色化方面,随着环境问题成为全球性问题,人类发展对现代制造系统提出了环保要求,由此催生了绿色、低碳制造等概念。在设计阶段,将可持续性纳入产品设计准则,从源头减少资源浪费和环境污染;在制造阶段,开发和应用节能技术,通过创新工艺减少污染物排放,助力碳达峰目标的实现;在产品生命周期结束阶段,进行产品规范化的回收处理,提高资源利用率,从而践行可持续发展的目标。

1.2　计算机集成制造系统

1.2.1　CIMS 的概念

1973 年,美国约瑟夫・哈林顿(Joseph Harrington)博士在 *Computer Integrated Manufacturing* 一书中首先提出计算机集成制造(computer integrated manufacturing, CIM)的概念。CIM 概念强调,企业作为各种生产活动和系统的统一有机体,需要从系统和全局角度出发,利用信息技术提高企业数据的采集、传递和加工处理能力,对制造系统进行全局优化,从而提高企业的整体效率和水平。CIM 尤其重视信息流和物流的有机集成和管理运行[5]。

计算机集成制造系统(computer integrated manufacturing system,CIMS)是基于 CIM 概念,利用计算机技术对生产制造过程中的管理、设计、制造等不同子系统进行集成而组成的系统。国家高技术研究发展计划(863 计划)CIMS 专家组将其定义为:"CIMS 是通过计算机硬件和软件,综合运用现代管理技术、制造技术、信息技术、自动化技术、系统工程技术,将企业生产全部过程中有关的人、技术、经营管理三要素及其信息流与物料流有机集成并优化运行的复杂的大系统。"[6]

随着科学技术的发展,计算机技术在制造业中的应用越来越广泛,针对经营决策、管理、产品设计、工艺规划等活动,出现了多种不同的子系统。如物料需求计划(MRP)系统、计算机辅助设计(CAD)系统、计算机辅助制造(CAM)系统、柔性制造系统(FMS)等。CIMS 由这些子系统发展而来,在整个企业层面对这些子系统进行信息和功能的集成。

1.2.2　CIMS 的组成

从功能角度分析,CIMS 主要包括四个功能子系统与两个支撑系统[7]。其中,四个功能子系统包括管理信息子系统、产品设计与制造工程设计子系统、制造自动化或柔性制造子系统、质量保证子系统。两个支撑系统为计算机网络系统和数据库系统。上述各子系统之间会进行大量的信息交换。

从技术角度看,CIMS 是一个跨学科的复杂大系统,是基于现代管理技术、制造技术、信息技术、计算机技术、自动化技术、系统工程技术的综合性系统。CIMS 综合并发展了企业生产各环节相关的计算机辅助技术,例如,计算机辅助经营管理与决策技术(如管理信息技术、办公自动化技术、物料需求计划等),计算机辅助分析与设计技术(如计算机辅助设计、计算机辅助工艺规划等),计算机辅助建模、仿真、实验技术。

总之,CIMS 强调在计算机网络和数据库支持下,实现制造系统各模块之间的协同工作。

1.2.3 CIMS 的效益

CIMS 在设计和实施过程中,要结合企业实际情况和制造特点,将企业的信息流和物流有效地集成起来,优化生产资源配置,以充分发挥企业生产能力,提高企业的经济效益[8]。

(1) 在工程设计方面,可缩短产品的研发周期,提高产品的设计能力。设计结构精细、技术含量高、模块化程度高的产品,保证产品的设计速度,保障产品的设计质量,提高产品的更新升级速度。

(2) 在加工制造方面,CIMS 采用柔性制造单元或分布式数控等技术,可提高制造过程的柔性与质量,并提高设备利用率,缩短产品制造周期,满足客户对产品小批量、多品种的生产需求,使企业生产更加高效化和自动化,提高生产能力。

(3) 在经营管理方面,CIMS 可使企业的经营决策与生产管理科学化。在市场竞争中,可保证产品报价的快速、准确、及时;在生产过程中,可有效发现生产瓶颈,平衡生产负荷,提高生产效率;在库存控制方面,可降低库存水平,减少资金和资源的占用。

总之,CIMS 通过计算机网络和数据库的支持,将企业的产品设计、加工制造、经营管理等方面的所有活动有效地集成起来,提高管理和生产效率,缩短开发周期,最终为企业带来更多的效益。然而,随着技术的进步和市场需求的变化,从 20 世纪末开始,CIMS 逐渐趋于沉寂,智能制造系统越来越受到各国的关注。

1.3　智能制造系统

智能制造系统(intelligent manufacturing system,IMS)是一种现代制造系统,它基于智能制造技术(intelligent manufacturing technology,IMT),综合应用人工智能、智能制造设备、现代管理技术、信息技术、自动化技术、系统工程理论与方法等,使整个企业制造系统中的各个子系统智能化,并使制造系统形成网络。

IMS 最主要的特征体现在工作过程中知识的获取、表达与使用方面。这一特征使 IMS 尤其强调信息与物理的深度融合,以及数据的获取、分析与应用,从而实现智能决策支持。具体而言,IMS 借助 CPS、集成知识工程、制造软件系统、机器人技术等,实现对专家知识的建模与自主学习,确保智能机器在没有人工干预的情况下进行生产。

与 CIMS 相比,IMS 强调制造系统的自组织、自学习和自适应能力[9]。随着各种智能计算技术的发展,IMS 正在逐步向具有持续发展能力的自主式发展。根据信息技术水平及其与制造系统集成的程度,IMS 可以归纳为以下三种模型或范式。

(1) 数字化制造。数字化制造范式也称为第一代智能制造。自 20 世纪 80 年代出现以来,随着 CAD/CAM 等软件与制造系统的融合,IMS 可以迅速收集并分析资源信息,实现对产品设计和功能的仿真及原型制造,进而快速生产出满足用户需求的产品。

(2) 数字网络化制造。第二代智能制造集成了互联网的应用。制造环境内部的网络化可以实现制造过程的集成,而制造环境与整个制造企业的网络化则可以实现制造环境与企业工程设计、管理信息系统等各子系统的集成。数字网络化IMS 也日益成为当前的主流。

(3) 新一代智能化制造。智能技术赋予 IMS 更多"智能化"。人工智能(artificial intelligence,AI)与数字和网络技术的融合促进了 IMS 的战略性突破,提升了决策效率。近年来提出的数字孪生、元宇宙等概念更是直接将物理世界与数字世界联系起来,使信息集成程度更高,IMS 体现出更高的效率与柔性。

1.4　制造系统信息集成的必要性

信息集成(information integration)指的是系统中各个子系统和用户之间在信息传递过程中使用的信息均采用统一的标准、规范和编码,以保证信息含义的一致性,促进相关用户软件间的沟通、交流和有序工作。在制造系统中,为了共享大量独立异构信息源,为高层决策和组织提供全局视野,就需要运用信息集成技术来完成数据的整合工作[10]。

对于制造系统来说,信息集成的必要性主要体现在三个方面:消除信息孤岛;确保软硬件集成工作;实现信息融合。

1.4.1　消除信息孤岛

信息孤岛指的是一个个相对独立的不同类型、不同学科的数字资源系统,由于各系统之间相互封闭,无法进行正常的信息交流[11]。制造系统中的信息孤岛是一种常见现象。产生信息孤岛的原因有[12]:①需求不到位,前期的设计缺陷导致最终系统建设完成后不能满足需求;②标准不统一,各子系统的数据库之间没有统一的信息编码,难以实现信息共享;③管理孤岛,即由于职能划分,导致管理人员在决策和管理时缺乏全局观,形成管理孤岛。信息孤岛按类型可以划分为数据孤岛、系统孤岛、业务孤岛和管控孤岛[12]。

信息孤岛的存在会产生多种危害[12],由于没有统一的信息编码,会导致信息重复输入和多口采集,影响数据的实时性、一致性和正确性;信息孤岛无法实现信息的实时共享和及时反馈,影响业务和经营管理的顺利进行;信息孤岛会导致决策者缺乏全局观,进而影响操作和决策。

信息集成是消除信息孤岛的重要且有效的措施。需要对各子系统的数据库进行整合处理,确定统一的信息编码,保证信息结构和含义的一致性[13-14],并避免数据冗余;同时还可以打破子系统间的信息壁垒,帮助决策者获得足够的决策信息支持,建立一定的全局观。

1.4.2　确保软硬件集成工作

制造系统中存在多种软件和硬件,为了保证系统正常、高效地运作,需要确保不同软件和硬件之间的信息传递和集成工作。制造系统中不同的工艺流程往往对应不同的软硬件设备,它们之间的交互较少,可能具备完全不同的信息协议和编码系统。在引进这类系统时,很难直接通过它们完成软硬件之间的交流和合作,彼此之间存在一定的交流壁垒;同时,由于制造系统各个部门对信息化的功能要求可能不同,彼此之间的信息化进程也不同步,造成系统规划和软硬件配置存在一定差异,这也导致信息共享难以实现[15]。

当制造系统较为复杂时,使用的软硬件会越来越多,这时就需要通过信息集成消除不同软硬件之间的壁垒。信息集成可以将不同子系统中各自的软硬件设备进行信息编码、传递方式等的统一,实现不同子系统的交流协作,还可以统一存储所有子系统中需要的种种信息,减少信息传递、存储的维护成本。采用信息集成,还可以有效提升资源利用率,最大限度地深层次开发利用现有的信息资源。从硬件上看,将系统信息集成共享应用到有限的系统设备,可以节约企业的硬件投入[15]。

1.4.3　实现信息融合

信息融合又称数据融合,也可以称作传感器信息融合或多传感器信息融合,是一个对从单个或多个信息源获取的数据和信息进行关联和综合,以对系统态势进行全面、及时评估的信息处理过程;该过程是对其评估和额外信息源需求评价进行持续提炼的过程,同时也是信息处理不断进行自我修正的过程,以获得结果的改善。

信息融合主要分为两类:信息物理融合和信息虚拟融合。信息物理融合指的是计算、通信和物理过程的高度集成,通过在物理设备中嵌入感知、通信和计算能力,实现对外部环境的分布式感知、可靠数据传输、智能信息处理,并通过反馈机制实现对物理过程的实时控制[16]。信息虚拟融合也叫虚拟化,是指计算软件在虚拟的基础上运行,是一种实现简化管理、优化资源的解决方案,通过把有限的固定资源根据不同需求进行重新规划,以实现利用率最大[17]。

信息集成对于制造系统来说是十分重要且必要的一个环节。通过信息集成可以完成对所有子系统之间信息的统一和标准化处理,可以构建统一的编码体系,可以消除系统中的信息孤岛,可以保证不同子系统中软硬件的集成工作,还可以实现信息物理融合与信息虚拟融合。利用信息集成,可以帮助高层决策者和管理者获得足够的信息支撑,帮助他们做出更加智能、全局最优的决策。

1.5　制造系统信息集成的三个维度

在先进制造与新一代信息技术融合的背景下,制造系统将贯穿设计、生产、管理、服务等多个重要环节,并集成横向、纵向制造流程的端到端信息和关键运营内容,形成智能制造中核心元素的有效组合。企业级制造系统的基本框架囊括多维度的数据信息,制造信息集成的实现需要集成其中多维度的制造流程信息数据,主要分为产品生命周期端到端集成、制造系统纵向集成和制造系统横向集成三个核心维度。

1.5.1　产品生命周期端到端集成

信息集成的第一个维度是基于产品全生命周期的信息集成。产品的全生命周期贯穿"产品设计、制造生产、物流配送、终端销售、售后服务"等一系列紧密相关的具有信息交互价值的关键环节。不同的产品类别、行业属性会导致产品生命周期的差异性,相关制造系统的信息集成更需要分析不同关键周期阶段对制造系统的影响程度,进行该维度下的信息集成。因此,集成产品全生命周期信息的核心在于对不同产品生命周期的分析,并集成多端信息进行关键制造信息集成,从而实现先进生产技术的飞跃。下面主要阐释该维度下的"产品全生命周期分析""端到端集成"两类核心内容。

1. 信息时代产品全生命周期分析

产品的生命周期包括从"产品设计"到"售后服务"的全阶段运营内容,"是产品从进入市场开始,直到最终退出市场所经历的市场生命循环过程"[18]。面对智能制造中出现的新需求,从制造系统集成的视角看,生命周期不同阶段存在不同的内涵。

(1) 产品设计阶段:工业 4.0 时代信息采集、集成技术的发展,促使产品设计成为一种更重要的策略工具,从而提升产品制造的情感价值,对不同类型用户产生不同程度的吸引力,进而增加产品的综合价值。

(2) 产品生产阶段:产品生产阶段主要包括产品的加工、运送、装配、检验等过程。产品生产阶段既容纳了纵向不同制造部门的核心业务,又包含横向多类型企业的关键运营环节。需要集成多端信息,实现高精度、即时需求建模、高效流程化生产方式。

(3) 产品物流阶段:产品物流阶段主要是指从产品制造产地向各级供应商/用户实体流动的过程。物流信息对产品生产计划、库存管理、原材料供应等关键管理决策问题具有显著影响,高效的物流信息集成能够改善产品生产流程,进一步实现高质量的产品智能制造。

（4）销售-服务阶段：产品销售-服务阶段综合了产品从企业转移至用户端的过程，以及用户使用产品的过程。产品销售-服务阶段是产品实现定制化生产、服务的关键，同样是端对端产品价值链实现信息集成的重要一环。

2. 端到端的信息集成

产品生产过程包括销售-服务阶段的需求采集与确定、产品设计阶段的个性化需求匹配、生产阶段的生产计划、物流阶段的高效产品配送等核心运作内容。上述产品全生命周期活动涉及多类型的价值链整合，每个环节可以由企业的不同部门或不同类型企业间协作完成，而围绕生产活动的多类型部门则产生"端到端"的多源异构信息传递。

传统的产品全生命周期端到端信息集成一般通过 CAX、SFCMESERP 等系统的数据接口实现[19]。在信息时代的制造系统框架中，为了实现即时信息对接和高效需求建模，可利用信息物理系统（CPS）通过底层的无缝集成实现，同时 CPS 与 SFCMESERP 之间通过纵向集成实现数据交互，进而实现端到端的信息集成。

1.5.2 制造系统纵向集成

智能制造系统试图整合产品销售-服务阶段信息，使产品使用状况、维护与产品设计、生产制造相融合，打通制造过程的服务端与制造端，实现需求信息与制造管理信息的全透明[20]。基于端到端的基础思想，为进行制造价值链上不同端口的融合，完善个性化的产品制造，首先需要在制造流程内部进行"纵向"的信息整合，从而实现客户需求反馈与产品设计、生产端相链接的高效闭环信息互通。

制造系统需实现对不同制造环节的集成，包括传感器、自动化生产设备、库存间领料智能机器人、智能车间等递进式关联环节。进一步将纵向制造信息集成至企业资源计划（enterprise resource planning，ERP）系统、制造执行系统（manufacturing executive system，MES）、过程控制系统（process control system，PCS）或集成式制造数据仓库，实现数据自动采集、数据自动传输、数据自动决策、自动操作运行、自主故障处理[21]，形成集约式制造流程数据管理系统，从而辅助端对端的产品制造-服务效率提升。

纵向维度视角下的制造系统集成需要克服诸多困难，包括制造系统多模块化管理及多源异构数据集成两个方面。首先，制造系统集成制造生产内部部门的多模块体系。完善不同环境下的模型、数据、信息通道是实现纵向信息集成的关键。其次，在同一产品的不同生产环节，模块化管理及相关数据集成可更为精确地实现用户服务端产生的即时需求信息反馈，实现高效的个性化制造。

1.5.3　制造系统横向集成

制造产品全生命周期涉及分布式智能生产资源,跨越多类型的原材料提供商、制造商、物流分销中心、多类型客户、售后服务端等诸多关键阶段。纵向制造信息集成仅可辅助内部高效的制造模块化管理,实现自动化生产。然而,进一步完善全域制造信息融合、提升制造和生产水平,需要进一步集成产业横向相关信息,包括制造厂商内部的制造、生产计划、设施能耗管理等设备采集信息,以及产业内跨公司的核心关联信息数据。

制造信息的横向信息集成是产品所处行业链群上各企业信息的集成,将链群上紧密相关的不同生产单元转化为可识别的信息,对其提供的即时信息流进行描述与表示,并对其关键核心业务的动态或静态数据进行集成。

制造系统横向集成同样是面向服务的体系结构(service-oriented architecture, SOA)构建的关键[22]。围绕 SOA 框架基础,制造系统需要基于产品行业系统开放的优势,建立不同关键业务间的接口,完善以产品服务功能为主的信息传递渠道,从而为标准统一、高效的横向数据获取、管理与交付提供有效基础。此外,横向数据管理部分的核心问题为数据统一规范管理,以及通过企业服务总线实现多主体的信息传递。针对该问题,建立集成的数据管理中心,形成数据仓库,能够为企业横向集成数据提供相应的数据管理平台。

产品生命周期端到端集成、制造系统横向与纵向集成三个维度的数据集成一起构成了智能制造网络,为全方位打通产品不同节点的信息流,实现高效生产、高质量产品服务管理及个性化制造提供基础。

1.6　制造系统信息集成的五个层次

制造系统信息集成的流程具备一定的层次性,从数据产生到信息系统集成,可以分为数据源层、网络通信层、信息建模与语义层、业务流程层和系统集成层五个层次。

1.6.1　数据源层

数据源层是制造系统信息集成的最底层,由信息采集设备、生产设备信息交互系统和信息处理软件组成,为制造系统信息集成提供数据支撑。

信息采集设备主要包括设备数据采集系统、采集传感器、现场监测系统等,采集包含设备运行状态信息、工序状态信息、产品质量信息等在内的生产现场信息[23],是重要的生产数据源。

生产设备信息交互系统主要包括 RFID 和可编程逻辑控制器(programmable

logic controller,PLC)等,一方面负责生产设备之间的信息交互,实现设备之间的协同工作;另一方面收集传递信息,以用于系统状态分析。

信息处理软件包括嵌入设备的支持软件,也包含数据在导出、存储过程中对数据进行预处理的软件。信息处理软件会对原始数据进行初步的分析、清洗,由此得到的分析结果也会作为数据存入数据库,供上层软件调用[24]。

数据源层在制造系统信息集成的过程中,主要完成数据的采集、清洗、标准化、存储等工作,最终形成可供外界调用的标准化数据接口,供各子系统调用数据。

1.6.2 网络通信层

网络通信层主要包括物理传输设备、数据传输协议、网络安全技术,实现制造系统内部信息准确、实时、安全的通信。

物理传输设备主要包括网线、电缆、交换机、路由器等,将物理设备映射到对应的硬件地址上,并完成网络地址与硬件地址之间的翻译,最终通过介质传输不同子系统要求的数据。

数据传输协议包括 IPX/SPX、TCP/IP、STP 协议等多种传输协议,分别在不同的硬件节点之间形成数据传输规范,确保数据传输过程中的完整性、正确性和及时性[25]。

物理传输设备配合数据传输协议即可实现系统之间的数据通信。但通信过程中,会不可避免地出现数据安全问题,因此,制造系统的信息集成过程需要将网络安全技术纳入构建过程。

网络通信层在制造系统信息集成中起着"桥梁"作用。在数据源层完成数据的采集、存储后,网络通信层搭建起数据传输通道,主要完成硬件与硬件、硬件与软件、软件与软件之间的互联互通工作,确保数据能够以实际需求的速率及质量传输,同时防范外部攻击、数据意外损坏等问题。

1.6.3 信息建模与语义层

信息建模与语义层主要包括信息同构技术、信息建模技术及语义集成技术。

信息同构技术是指将各系统中的异构化数据进行处理,形成统一的信息表示和集成数据接口的技术。由于制造系统的数据源具有多元异构性、复杂多变性、分布性等特点,信息同构技术可以分为虚拟同构和物理同构[26]。虚拟同构指在信息调用时采用映射的方式进行数据转换。物理同构是指在数据接口和应用接口之间增加中间数据存储层,通过统一编码方式对数据进行转换并存储。

信息建模技术是指构建数据之间的关联性、建立描述数据关联性模型的技术。原始数据缺少数据与数据之间关联性的刻画,因此需要建立信息模型,统一刻画数据关联性[27]。信息建模包括多种方式,常见的有 ER 模型、IDEF1X 模型等。

　　语义集成技术是指将不同子系统对同一对象的差异化描述转化为同一逻辑表达形式的技术。由于子系统信息的语法结构和语义的差异性,会导致子系统之间无法直接进行沟通[26]。因此,需要先构建语义中的本体,即不同子系统指代的对象,然后通过构建本体的属性、关系、类等建立语义映射,将不同的描述方式映射到同一本体上。

　　信息建模与语义层在制造系统信息集成中起到"翻译"的作用,通过构建统一的数据格式、数据模型及语义模型,能够将数据按照子系统的要求传递到各个子系统中,实现数据的可描述性和可理解性。

1.6.4　业务流程层

　　业务流程层主要包括企业的各项业务流程,内嵌于各业务软件中。业务流程层是企业经营活动的集合,从生产流程到企业战略流程,不同的管理层级均对应不同的业务流程。业务流程层是数据的主要应用层次,不同的业务根据流程需求发出数据需求,经过语义集成映射到对应的信息模型,再从数据库中调取相应的数据进行传输。制造系统中常见的业务软件包括 ERP 软件、MES 软件、CRM 软件等,不同的业务软件之间也存在信息的交互。在构建业务流程层时,常用的方法是业务流程重组。

　　业务流程层在制造系统信息集成中是数据需求的发出层次,也是创造数据价值的层次之一。在信息建模与语义层完成信息模型和语义对象的构建后,业务流程层就可以实现对底层数据的有效运用,并根据数据分析系统的状态,给出系统控制命令。业务流程层也会产生大量的分析数据和控制数据,这些数据中的一部分在不同的业务软件之间进行传递,实现整个系统的协作运行,另一部分则作为描述系统状态的信息存入数据库,供系统集成时进行优化分析。

1.6.5　系统集成层

　　系统集成层是制造系统信息集成的最顶层,也是信息集成的最终目标。系统集成层使制造系统形成完整的物理信息系统,借助信息与信息的关联关系,最终辅助实现智能决策。在业务流程层,各业务软件仍是独立的子系统,因此,需要构建系统集成层,将不同的业务流程进行整合。通过划分流程层级,对层级内部的流程进行整合联动,对层级之间的流程进行数据关系梳理,建立完整的企业信息模型,实现数据信息与物理实体、业务流程的融合,并通过引入大数据分析、人工智能、边缘计算等新一代智能决策技术,实现企业的智能决策,构建具备自感知、自组织、自决策的智能生产体系。

　　系统集成层在制造系统信息集成中充当"大脑"的角色,通过收集分析各层次的数据,辅以智能决策技术,对生产制造过程发出决策指令,使生产系统能够高效、平稳、连续地运行。系统集成层是数据产生价值的最终层次,通过数据流与业务流的融合,深层次发掘数据价值,也使系统内部功能得到互联,最终将整个制造系统打造成一个有机整体。

习题

1. 分析计算机集成制造系统和智能制造系统的异同。
2. 简述信息集成在智能制造系统中的必要性。
3. 制造系统信息集成的三个维度是什么?
4. 简述制造系统信息集成五个层次包含的内容。

参考文献

[1] 田彬,王率领,赵基伟.现代制造系统的研究现状及发展趋势[J].中外企业家,2015(8):1.
[2] 周俊.先进制造技术[M].2版.北京:清华大学出版社,2021.
[3] 刘颖.基于制造业信息化的技术与应用浅析[J].锻压装备与制造技术,2021,56(6):3.
[4] 郑力.智能制造:技术前沿与探索应用[M].北京:清华大学出版社,2021.
[5] 常本英.计算机集成制造系统(CIMS)导论[M].合肥:安徽科学技术出版社,1997.
[6] 严新民.计算机集成制造系统[M].西安:西北工业大学出版社,1999.
[7] GROOVER MIKELL P.自动化、生产系统与计算机集成制造[M].许嵩、李志忠,译.2版.北京:清华大学出版社,2009.
[8] 马士华,陈荣秋.CIM 哲理与现代企业管理模式[J].管理工程学报,1997,11(3):3.
[9] 李圣怡.智能制造技术和智能制造系统[J].国防科技大学学报,1995(2):1-11.
[10] 杨先娣,彭智勇,刘君强,等.信息集成研究综述[J].计算机科学,2006,33(7):55-59.
[11] 李希明,土丽艳,金科.从信息孤岛的形成谈数字资源整合的作用[J].图书馆论坛,2003,23(6):121-122.
[12] 卞保武.论企业信息化中的"信息孤岛"问题[J].中国管理信息化(综合版),2007,10(4):22-25.
[13] 李希明,梁蜀忠,苏春萍.浅谈信息孤岛的消除对策[J].情报杂志,2003,22(3):61-62.
[14] 王俊杰.冲出信息孤岛,实现数字资源共享[J].大学图书馆学报,2004,22(3):16-18.
[15] 刘玉照,杜言.基于信息集成的信息资源共享[J].情报杂志,2003,22(7):54-55.
[16] 温景容,武穆清,宿景芳.信息物理融合系统[J].自动化学报,2012,38(4):507-517.
[17] 张耀祥.云计算和虚拟化技术[J].计算机安全,2011(5):80-82.
[18] 王鸿儒.离散制造业产品全生命周期管理 PLM 应用研究[J].机械工程与自动化,2018(1):225-226.
[19] 秦峰.浅析数据集成在数字化工厂建设中定位与实现[J].信息系统工程,2017(10):138-139.
[20] 张卫,朱信忠,顾新建.工业互联网环境下的智能制造服务流程纵向集成[J].系统工程理论与实践,2021,41(7):1761-1770.
[21] 李清,唐骞璘,陈耀棠,等.智能制造体系架构、参考模型与标准化框架研究[J].计算机集

成制造系统,2018,24(3):539-549.

[22]　叶钰,应时,李伟斋,等.面向服务体系结构及其系统构建研究[J].计算机应用研究,2005, 22(2):32-34.

[23]　丁长权.大型装备制造系统生产设备集成运行的信息支持系统[D].重庆:重庆大学,2009.

[24]　张新生.基于数字孪生的车间管控系统的设计与实现[D].郑州:郑州大学,2018.

[25]　付邦恕.玻璃制造企业 CIMS 方案设计及关键技术研究[D].桂林:广西师范大学,2012.

[26]　童亮.数控机床网络化集成运行模式及关键集成技术研究[D].重庆:重庆大学,2011.

[27]　郭多文.基于 OPC UA 的专用数控系统信息模型的设计与实现[D].南京:东南大学,2020.

第2章

制造系统信息集成的关键技术

制造系统信息集成是智能制造、工业互联网等未来制造体系的基础。信息集成场景纷繁复杂,关键技术发展日新月异,针对不同场景选择合适的关键技术是最终实现全面、高效信息集成的关键。制造系统信息集成的关键技术以国家标准总体架构为纲,通过数据建模与表达技术对信息进行规范和定义,通过数据通信技术实现信息的传输,通过业务流程数字化技术将信息以业务流程为单位进行组织和整合,通过数据安全技术保证信息全过程的安全,通过数据集成技术的不同中间件模式满足不同维度、不同场景的信息集成需求。本章对以上关键技术展开论述。

2.1 信息集成总体框架技术

国家标准 GB/T 26335—2010《工业企业信息化集成系统规范》规定了工业企业信息化集成系统的总体架构[1],于 2011 年 6 月 1 日起正式实施,这是我国首项关于推动工业化与信息化深度融合的自主标准。该标准针对系统组成、功能要求、系统实施、系统运行和维护等给出技术指导性意见;适用于工业企业信息化集成系统的规划、设计、实施、运行和维护,也适用于其他企业、机构、组织或部门的信息化与自动化建设。

2.2 数据建模与表达技术

数据模型是对现实世界抽象化的数据展示。一个典型制造系统的数字化基础是全面支撑其业务流程、制造资源、管理体系等方面的数据模型。随着数字化系统横向或纵向的功能扩展和业务集成,数据模型需应对更复杂的场景。

在数据发展历史上,数据最早被表示为树状结构的层次(hierarchical)模型,但由于多对多关系难以表示及操作受限,关系(relational)模型随之出现并广泛应用至今。但是,关系模型并不适用于所有的数字化场景。

（1）部分场景更重视灵活的数据结构和模式，更重视数据的批量读写性能而不是连接查询性能，源自层次模型的文档（document）模型更适合此类场景。

（2）部分场景更重视数据之间的互相关联，图状（graph）模型更适合此类场景。

（3）部分场景更重视数据的大规模、多维度复杂查询和分析性能，因此衍生出一系列分析场景的数据模型。

（4）部分场景更重视带时间标签数据的监测、分析和计算，因此衍生出一系列时序场景的数据模型。

关系模型、文档模型、图状模型是如今应用广泛的三种数据模型，其他数据模型多是由这三种模型衍生而来[2]。每种场景都有表现优秀的数据模型，但特定情况下也可使用并不擅长的数据模型。例如，数据规模较小时，可使用关系数据库来构建知识图谱（图状数据），统一数据库方便管理，只是在数据处理时稍显笨拙、计算性能方面不够优秀。

2.2.1　关系模型

关系模型是最著名的数据模型，由 Edgar Codd 于 1970 年提出[3]，相应的关系数据库和结构化查询语言（structured query language，SQL）数十年来一直占据数据存储和查询技术的主导地位。

关系模型用二维表（table）的集合来表示数据之间的关系，表的每一行称为记录，表的每一列称为字段，同一个表的每一行记录都拥有相同的若干字段，字段可定义为整型、浮点型、字符串、日期等数据类型，表与表之间需要通过主键与外键建立"一对一""一对多""多对一""多对多"（通过中间表）等关系，再通过索引机制实现查询优化，以满足多样化的业务逻辑。

目前占据市场主要份额的关系数据库仍是闭源的 Oracle、Microsoft SQL Server、IBM DB2 和开源的 MySQL、PostgreSQL 等。但近几年国产关系数据库异军突起，达梦、人大金仓等国产厂商持续发力，华为的 GaussDB、阿里巴巴的 OceanBase、PingCAP 的 TiDB 等新一代数据库横空出世，凭借分布式、云原生、兼容 MySQL/PostgreSQL 多种主流协议等特点被广泛应用。

2.2.2　文档模型

文档模型源自层次模型，适合表示树状结构的数据。文档模型将每一条记录存为指定的文档数据格式，如 JSON、XML 或其扩展格式等。

与关系模型相比，文档模型具有以下特点。

（1）模式灵活性：文档模型不会对存储的数据强加某种模式，对比关系模型需要预定义字段的特点，更适用于数据类型相同但数据模式差异大或可能随时改变的场景。

（2）读写高性能：文档模型在一次性读取或写入"整棵树"的数据时，相比关系模型拆分若干表、构建若干外键的方式，具有显著的性能优势。

（3）多对多劣势：当数据存在大量多对多关系时，文档模型就显得不够专业了，额外模拟多对多关联，将导致程序代码更复杂、性能更差。

如果数据大多是一对多关系（树状结构）或者数据之间没有关系，文档模型是最合适的。

MongoDB 是最受欢迎的文档数据库，在全球数据库流行度排名中常年稳定在前 5 位，并且是前 20 位中唯一的文档数据库。其他主流文档数据库还有 CouchDB 等，同时 Amazon DynamoDB、Azure CosmosDB 等云厂商的分布式数据库也全面支持文档模型。

自 2000 年起，主流关系数据库的新版本陆续对 JSON、XML 文档提供支持，包括文档内索引和查询，如 MySQL5.7 版本以上、PostgreSQL9.3 版本以上都内置 JSON 字段类型。关系数据库和文档数据库都在相互借鉴对方的优势，关系模型与文档模型的融合也将成为趋势。

键值（key-value）模型可视为特殊的文档模型，每条记录以键值对的形式进行组织、索引和存储。相比文档模型，键值模型不关心文档/值的内部结构，而更重视读写性能，在内存计算、分布式等技术加持下被广泛用于高并发场景。主流键值数据库包括 Redis、Memcached 等，Amazon DynamoDB、Azure CosmosDB 等云厂商数据库也支持键值模型。

2.2.3 图状模型

关系模型能够处理简单的多对多关系，而随着数据之间的关联越变越复杂，图状模型也就成为更适合的数据模型。

图状模型使用点（node）和边（edge）建模数据。点（也称为实体或节点）表示事物，如人、物、地点、事件等，边（也称为关系或弧）表示两个事物之间的关系，其类型定义为边的标签，其方向定义为边的方向，每个点和每条边都可定义属性（树状或键值对形式），任何点都可以连接至其他点，甚至两个点之间可定义多条不同标签、不同方向的连接边。

使用图状模型可以直接、自然地表达现实世界的关系，例如某人喜欢看某部电影，就可以建立一条标签为"喜欢"的边，从这个人连接到这部电影，同时这个人还可以有"朋友"边、"就职"边等，而这部电影也可以有"主演"边、"获奖"边等。

近年来知识图谱、智能问答、智能风控等领域高速发展，领域数据量级动辄上亿、上十亿，数据结构灵活、关系复杂，相对于关系数据库、文档数据库，基于图状模型的图数据库在持续读写性能、关联查询性能、路径分析性能等方面具有显著优势。Neo4j 是全球部署最广泛的图数据库平台，是大量智能创新应用的动力引擎，而 Azure CosmosDB 等平台则凭借同时支持文档模型和图状模型的能力异军突起。

2.2.4 分析场景的数据模型

将关系模型等范式严谨的模型应用于数据分析场景时,往往面临一系列挑战:①大规模数据进行多表连接、聚合计算等复杂查询时,性能有限;②变更数据分析逻辑时,应变能力有限;③扩展新数据源或新分析决策时,数据重载和代码重编工作较重。

因此衍生出一系列适合分析场景的数据模型,使用最广泛的是维度(dimensional)模型。它是围绕事实表和维度表的关系构建的模型,事实表记录业务过程中的可度量事件,如产量、库存量等,而维度表则记录与业务过程度量有关的环境,如日期、设备、负责人等。

根据事实表和维度表的结构,维度模型又细分为三种模型。

(1)星型模型:由一个事实表和多个维度表组成,维度表通过维度主键链接到事实表。

(2)雪花模型:相比星型模型,部分维度表不直接链接到事实表,而是通过其他维度表链接到事实表,即维度有多级。

(3)星座模型:多个事实表共享维度表,是星型模型的集合。

维度模型的维度层级越少,数据冗余度越大,查询逻辑越简单,查询速度越快,所需的存储空间越大。

支持维度模型的联机分析处理(on-line analytic processing,OLAP)或数据仓库一般使用列存储数据库,与第 2.2.1 节提及的行存储数据库(传统关系数据库)相比,数据压缩和查询性能优势明显,但需要牺牲数据的更新和删除性能。主流的列存储数据库包括 ClickHouse、Vertica、Greenplum 等。

2.2.5 时序场景的数据模型

在典型的物联网、车联网、工业监测等场景中,有大量不同类型的感知设备源源不断地采集各种物理量,每一条数据都有感知设备 ID、时间戳、物理量,以及与感知设备相关的维度标签,每个感知设备采集的数据是一个数据流,数据点是时序性的。随着感知设备数量的增加,数据采集频率的升高,一个一般规模的时序场景可能就需要应对每天上亿甚至上十亿的时序数据,沿用传统关系模型及数据库已经越来越难以满足规模增大的时序数据对存储速度、存储空间和查询效率的要求。

早期的工业控制领域,特别是流程工业,采用传统工业实时数据库进行工业过程时序数据的采集、存储、查询和分析。进入 20 世纪后,时序数据在各领域广泛应用,新一代时序数据库也快速发展,一方面持续强化与工业实时数据库相似的存储速度快、存储空间小和查询效率高等时序性能,另一方面补足云原生、分布式等未来技术趋势[4]。

主流时序数据库的数据模型主要采用两类技术路线。其一采用关系模型,沿用关系数据库 SQL 的部分模式,但在引擎层面需要针对时序数据特征进行特定优化,采用此类技术路线的时序数据库包括 TimeScale、TDengine 等;其二采用标签集(tally set)数据模型,类似于文档模型,通过自动创建时序和标签索引的形式支持时序处理,采用此类技术路线的时序数据库包括 InfluxDB、Prometheus 等。

2.3　数据通信技术

制造系统信息集成的本质是通过开放的数据通信技术,将产线、设备、人员、原料、仓库、供应商、产品、客户等紧密连接起来,共享工业生产全生命周期的各种要素资源,推动制造系统的自动化、数字化、智能化,实现企业及其供应链的价值增长。其中,贯穿工业生产全生命周期的互联互通对数据通信技术及其架构提出了更高的要求。

工业网络技术分为三类:工业现场总线、工业以太网和工业无线。根据 HMS Networks 的市场研究报告,至 2022 年,工业现场总线份额逐年下降至 27%,其中 PROFIBUS、Modbus、CC-Link、DeviceNet、CANopen 的份额稍高;工业以太网份额持续增长至 66%,占据主流的是 PROFINET、EtherNet/IP、EtherCAT、Modbus-TCP、POWERLINK、CC-Link IE Field;工业无线份额持续增长至 7%,适用于部分需要灵活移动或快速组网的工业场景。

工业现场总线和工业以太网协议有数十种,列入国际标准 IEC 61158 的也有 20 余种,并且大部分技术协议无法相互兼容。OPC UA(object linking and embedding(OLE) for process control unified architecture,用于流程控制的对象链接与嵌入统一架构)是新一代工业数据通信技术,承担着不同现场总线/工业以太网协议之间"黏合剂"的重任,试图实现工业数据通信技术的统一。

2.3.1　工业现场总线

工业现场总线是指安装在工业现场设备与控制器之间的全数字化通信的数据总线,主要解决工业现场的智能化仪器仪表、控制器、执行机构等现场设备之间的数字通信,以及这些现场控制设备与高级控制系统之间的信息传递问题,是自动化领域最底层的数据通信网络。

工业现场总线始于 20 世纪 80 年代,由于其简单、可靠、经济实用等突出特点,被广泛应用于流程制造业、离散制造业、农业、交通、电力、楼宇、国防等领域的自动化系统。工业现场总线现存数十种协议,还没有形成真正统一的国际标准,大多数现场总线都有一个或几个大型跨国公司为背景成立的国际组织支持,各自有其擅长的应用领域和成熟的生态伙伴,因此最终形成了一项包括多种现场总线的国际标准 IEC 61158。以下为主流工业现场总线。

（1）PROFIBUS：德国国家标准 DIN 19245 和欧洲标准 EN 50170 的现场总线，由以西门子（Siemens）为主的十几家德国公司、研究所共同推出，包括 PROFIBUS-DP、PROFIBUS-FMS、PROFIBUS-PA 三个系列，其中 DP 适用于加工自动化领域，FMS 适用于纺织、楼宇自动化等领域，PA 适用于过程自动化领域。

（2）Modbus：由法国施耐德（Schneider）公司推出，是可编程逻辑控制器（PLC）、远程终端控制系统（RTU）、SCADA 等工业设备之间常用的通信方式。

（3）CC-Link：由日本三菱公司等多家公司推出，在亚洲占有较大份额。

（4）CAN(controller area Network，控制器局域网络)：最早由德国博世（Bosch）公司推出，被广泛应用于离散控制领域，在一统汽车车内网络标准后，也被推广至轨道交通、航空航天等相关领域，CAN 总线的主流总线协议包括 CANopen 等。

（5）DeviceNet：由美国罗克韦尔（Rockwell）公司开发应用，是一种基于 CAN 总线技术的开放型、低成本、高性能的通信网络。

2.3.2　工业以太网

工业以太网是应用于工业控制领域的以太网技术，技术上与商用以太网（IEEE 802.3 标准)兼容，但产品材质、实时性、可靠性、抗干扰性、环境适应性、通信协议等方面需满足工业现场的需求。

工业以太网是在现场总线标准激烈争斗之时悄然进入工业控制领域的，其市场份额在 2017 年初次超过现场总线后，至 2022 年已占据 66% 的份额。相比现场总线，工业以太网具有以下优势。

（1）集成优势：容易实现工业控制网络(工业以太网)、企业信息网络(以太网)乃至工业互联网的无缝连接和统一管控。

（2）成本优势：由于以太网技术非常成熟并已得到大规模应用，大量优秀厂商可提供物美价廉的配套硬件设备与软件模块。

（3）性能优势：高速以太网技术发展迅猛，1000 Mb/s 以太网已成为主流网络技术，10 Gb/s 乃至 100 Gb/s 以太网也逐渐成熟，远超现场总线。

虽然工业以太网的诞生是为了解决现场总线标准难以统一的问题，但时至今日，工业以太网同样也存在多种标准并用，每种技术背后都有不同厂商阵营的支持。以下为主流工业以太网。

（1）PROFINET：由德国西门子（Siemens）公司、PROFIBUS（过程现场总线）国际组织等推出，提供工业通信领域的完整解决方案，覆盖实时通信、分布式智能、安全等自动化热门课题，能与 PROFIBUS、INTERBUS 等现场总线技术无缝集成。

（2）EtherNet/IP：由美国罗克韦尔公司、网络开放式设备网络供货商协会（open deviceNet vendor association，ODVA）等国际组织推出，是 DeviceNet 和 ControlNet 现场总线之上的以太网数据传输协议，在 Rockwell 控制系统中被广泛使用。

（3）EtherCAT：德国倍福（Beckhoff）公司等研发的实时工业以太网技术，高速的传输性能、灵活的拓扑结构，以及成本低于传统现场总线等特点，使其快速占领市场。

（4）Modbus-TCP：法国施耐德（Schneider）公司等推出的基于 TCP/IP 的 Modbus 协议派生产品。

（5）POWERLINK：由奥地利贝加莱工业自动化有限公司（B&R）等推出的融合 CAN 总线和以太网的工业控制和数据传输技术，因其免专利特点而被广泛使用。

（6）CC-Link IE Field：由日本三菱公司等推出，是 CC-Link 的工业以太网版本。

（7）EPA：中国第一个拥有自主知识产权的工业以太网国际标准。

2.3.3　工业无线

相比现场总线和工业以太网，工业无线技术虽然市场份额不大，却一直稳步持续增长。工业无线技术相比有线技术，没有通信线缆的限制，通信终端可在通信区域内自由移动、随意布置，组网快速灵活，覆盖面积广，扩展能力强，可以在不方便使用有线网的场景实现数据通信，也可与有线网无缝集成、互联互通；不过无线技术在安全性、可靠性、性价比等方面，暂时仍稍逊于有线技术。

WLAN 是工业无线技术的主流，其次是蓝牙，都属于短距无线通信技术。近年来，长距无线通信技术蓄势待发，全球围绕蜂窝无线技术的活动持续增加，其中 5G 通信更是凭借其高速率、低延迟、高容量的特点，有望补足工业无线技术在通信实时性和稳定性方面的短板，成为未来工业互联网基础设施和智能制造的创新推手。当前市场仍在等待 5G 在工业领域的全面影响，对于一种技术的普及，技术先进性固然重要，但市场仍需综合评估其应用价值和投入成本。

2.3.4　OPC UA

工业现场总线和工业以太网数十种标准并存的情形已持续数十年，小到一个工厂的设备数据采集工作，就可能使用多种不同的总线系统、协议和接口。本着使用统一标准在不同厂商的工业自动化系统之间交换数据的初衷，OPC 基金会于 1996 年成立，至今会员已近千家，囊括全球众多自动化系统厂商。OPC 基金会先后发布 OPC DA 等一系列标准规范和数据接口，即 OPC 第 1 代技术，随着大量主流厂商的陆续支持，OPC 成为一种被普遍接受的标准。

2008 年，OPC 基金会推出第 2 代技术 OPC UA，以克服第 1 代技术存在的过度依赖 Windows 平台、组件配置困难、无法用于互联网通信等缺点。OPC UA 的技术详情可参见第 3 章。发展至今，OPC UA 承担着不同现场总线和工业以太网协议之间"黏合剂"的重任，允许不同厂商的 PLC 等工业控制器以统一的数据通信机制和统一的数据交换格式相互通信,或与上层 SCADA、MES 等业务系统通信,从而实现工业数据通信技术的部分统一。

然而,从现场总线持续到工业以太网的"战争"并未结束。一方面,OPC UA 只能支持控制器之间及控制器向上的通信,从控制器到现场的通信还要依赖现场总线和工业以太网,多数主流自动化系统厂商也主张此路径;另一方面,OPC UA 则通过与时间敏感网络 TSN 等技术进行融合,推出 OPC UA over TSN 等新一代技术,试图将统一架构向下延伸至控制器与现场通信,以解决现场总线/工业以太网的多标准并存难题[5]。只是使用统一的标准覆盖所有工业控制器,标准的兼容性越强则复杂度越高,任一工业控制器产品的设计、测试乃至推广,都将增加大量额外的工作量,再考虑厂商的利益博弈,任重而道远。

2.4　业务流程数字化技术

制造企业的数字化转型本质是以数据的自动流动来化解复杂系统的不确定性,即将正确的数据或知识在正确的时间传递给正确的人或设备,以数据流带动技术流、资金流、人才流、物资流,进而不断优化制造资源的配置效率[6]。从数据流动的视角看,数据采集技术解决"数据有无"的问题,数据建模与表达技术解决"数据存取"的问题,数据通信技术解决"数据流动"的问题,下一个需要解决的问题是"数据如何流动",即为了实现特定的管理目标,数据应该按照一套特定的业务逻辑或规则流动,在正确的时间将数据传递给正确的人或设备。这套业务逻辑或规则就是"流程",业务流程数字化是数据驱动业务的根本。

推进业务流程数字化,实现数据"自动流动"的目标,需要使用以下技术。

(1) 使用业务流程建模语言对流程进行规范化定义和建模。

(2) 使用工作流引擎实现流程的数字化平台。

(3) 使用机器人流程自动化(robotic process automation,RPA)等技术实现流程环节的自动化,减少非必要的人员干预和操作。

(4) 使用流程挖掘等技术实现流程环节智能化,将由人决策的节点转为由智能算法决策。

2.4.1　业务流程建模语言

BPMN2.0(business process model & notion)是业务流程建模的规范,由国际标准化组织(ISO)于 2013 年正式发布(ISO/IEC 19510),被广泛用于业务流程的设计与实施工作,目前主流的工作流引擎都支持 BPMN2.0 规范。

早期业务流程的建模符号标准和执行语言规范是分离的。BPMN1.0 仅含建模符号标准,发布于 2004 年,迅速被大多数流程建模工具厂商广泛使用。执行语言规范则陷入多方标准之争,大厂商阵营的 BPEL(business process execution language,业务过程执行语言)、小厂商阵营的 XPDL(XML process definition language,XML 过程定义语言)、与 BPMN 同组织的 BPDM(business process definition metamodel,业务流程文档管理)等各自为战。

所有竞争止于 BPMN2.0,相比 BPMN1.x,BPMN2.0 增加了流程元模型和执行语义,直观绘制的业务流程图可通过基于 XML 的 BPMN 格式无缝转换为可通过主流工作流引擎执行的流程模型,再加上对象管理组织(object management group,OMG)国际协会背后大厂商的支持,BPMN2.0 快速普及,BPDM 被BPMN2.0 融合,模型转换存在先天缺陷的 BPEL 和属于小厂商阵营的 XPDL 则陆续退出竞争。

BPMN 包括但不限于以下基本元素。

(1) 参与者(participant):表示流程中任务的执行者,可以是一个组织、角色、系统或个人。参与者主要包括泳池(pool)和泳道(lane)。

① 泳池:代表业务流程所处的组织,例如一家公司,泳池可以划分为多个泳道。

② 泳道:具有分层结构,而泳道代表执行一系列特定任务的角色。

(2) 任务(task):表示参与者为了完成流程而需要一步一步完成的活动,一个任务总是属于一条泳道,BPMN 在建模时只使用通用类型的任务,在执行时可细分为调用服务的服务任务、发送消息的发送任务、接收消息的接收任务、需要人工参与的用户任务、自动执行规则的业务规则任务、自动执行脚本的脚本任务等。

(3) 网关(gateway):表示流程的决策点,控制流程的流向,包括排他(exclusive)网关、并行(parallel)网关、包含(inclusive)网关、基于事件的(event-based)网关等。

(4) 事件(event):流程运行过程中发生的事件。事件根据流程阶段可分为开始(start)、中间(intermediate)和结束(end)三类;事件根据处理方式可分为捕获(catching)和抛出(throwing)两类,捕获是捕获别人触发的事件,抛出是自己触发的事件;事件根据是否放置在活动边界上可分为活动边界(boundary)和非活动边界(non-boundary)两类;事件根据是否中断可分为可中断(interrupt)和不可中断(non-interrupt)两类;事件根据执行内容可分为消息(message)事件、定时(timer)事件、条件(conditional)事件、升级(escalation)事件、链接(link)事件、错误(error)事件、取消(cancel)事件、补偿(compensation)事件、信号(signal)事件、并行(multiple parallel)事件、终止(termination)事件等。

(5) 连接器(connector):用来连接流程模型中的任务、网关、事件等元素,包括顺序流(sequence flow)、消息流(message flow)等,其中顺序流表示流程中任务、网关、事件等元素的执行顺序,消息流表示流程中参与者双方之间的消息流动,也就是发送和接收消息。

(6) 子流程(sub-process):子流程是一个流程中的复合型活动,通过子流程可以隐藏部分细节,获得全局概要视图,也可以展开全部细节。子流程内还可以有子流程。

业务流程建模人员通过 BPMN 元素来创建流程模型,一方面有一系列流程图建模工具支持以拖拽等方式直观、便捷地构建 BPMN 模型,如 bpmn-js、mxGraph、Activiti-Modeler、flowable-modeler、bpmn2-modeler 等;另一方面,BPMN 流程图可以用统一规范的 BPMN2.0 XML 格式定义,确保不同的建模工具使用相同的语言格式。BPMN 流程图及其 XML 格式,可直接导入工作流引擎,实现业务流程模型的执行。

2.4.2　工作流引擎

使用 BPMN2.0 完成业务流程的建模和定义后,需要一套数字化系统实现该业务流程的管理、执行与监控,系统核心即工作流引擎,它是一套能够根据预先设计的业务流程模型自动判定决策并执行步骤的软件解决方案[7]。工作流引擎产品竞争激烈,以下几种影响力较大。

(1) WWF(Windows workflow foundation,Windows 工作流解决方案):微软 Windows 平台开发的工作流解决方案,基于.NET 平台。

(2) jBPM:JBoss 社区的开源工作流引擎,基于 Java 平台,jBPM5 以上转由 Drools Flow 团队使用新架构重新开发,同时支持 BPMN2.0。

(3) Activiti:原 jBPM4 部分核心成员基于 jBPM4 架构开发了 Activiti5,同时支持 BPMN2.0,主要发展方向为云端工作流引擎。

(4) Camunda:原 Activiti 部分团队基于 Activiti5 架构开发了 Camunda,不仅支持 BPMN2.0 引擎,也支持 PVM、CMMN、DMN 等引擎,功能较全面。

(5) Flowable:原 Activiti6 部分核心成员基于 Activiti6 架构开发了 Flowable,除了 BPMN2.0,还支持 CMMN、DMN、表单等引擎。

近年来,工作流引擎的发展呈现出以下趋势。

(1) 云原生,实现业务流程的云端融合。

(2) 与低代码/零代码平台融合,实现业务流程数字化应用的快速搭建。

(3) 与微服务架构融合,结合工作流引擎、分布式事务等技术实现微服务编排。

(4) 与人工智能、机器学习、知识图谱等技术融合,通过机器人流程自动化(RPA)、流程挖掘等新一代应用,推进业务流程的自动化与智能化。

2.4.3　机器人流程自动化

机器人流程自动化(RPA)是借助软件自动化技术完成各领域中本来由人工操作计算机完成的业务。RPA 平台将常用操作内容组件化,例如登录系统、选择功能、复制粘贴数据、处理 Excel、填写表单、发送回复邮件等,业务人员像搭建积木一样拖拽组件并按照顺序连接,定义操作流程,RPA 软件机器人则根据操作流程模拟人工自动重复地进行操作,协助业务人员完成大量"简单而重复、易出错、耗时长、附加值偏低"的工作,从而大幅降低人力成本,有效提高工作效率和准确率。

工作流引擎是 RPA 的核心技术,是能够支持 RPA 完成一系列自动化操作的各种复杂规则。RPA 厂商部分采用主流工作流引擎,例如 UIPath 采用 WWF,部分采用自研工作流引擎。

处理重复性工作的传统 RPA 正在与人工智能技术融合发展,通过机器学习和自然语言处理技术覆盖对非结构化数据的管理,乃至开发智能聊天机器人,实现与 RPA 流程参与者的自动互动,更多的人工智能技术则融入 RPA 流程,引入智能决策点,赋予其数据分析、洞察和决策能力,从而实现 RPA 的高阶自动化。

2.4.4　流程挖掘

随着工作流引擎、RPA 等业务流程数字化技术的推进,企业已然掌握其业务流程执行的详情,流程挖掘(process mining)技术可使企业业务流程更容易被洞察、管理和优化。

流程挖掘是一门横跨数据挖掘、机器学习、知识图谱、业务流程管理多学科领域的新兴技术,可以从企业 ERP、MES 等业务系统乃至业务流程管理系统的数据库和日志引擎中获取数据,重现业务流程的真实过程,展示其在执行流转时发生的所有步骤和详细信息,计算并分析流程的关键指标。例如工作实际耗时及其与行业平均水平的差距等,帮助企业在流程中发现漏洞、缺陷、瓶颈等问题,进行持续监测,并通过人工智能算法检测可能导致问题的根本原因和优化方案,进而引导企业对原有业务流程进行诊断和优化。

2.5　数据安全技术

数据正逐渐成为企业的核心资产,但数据的开放、流动和共享等特性也使企业在保护数据资产安全时面临更大挑战。网络基础安全是保护数据安全的基础技术,可进一步从数据传输、数据存储、数据使用、数据交换等方面继续加固数据安全[8]。工控系统安全技术在工业领域尤为重要,直接关系到生产设备的健康状态乃至运行安全。

2.5.1　网络基础安全

企业通过部署一系列成熟的网络基础安全技术,为各类数字化系统和数据应用场景构建一套安全基础设施。常用的网络基础安全技术包括以下几种。

(1)防火墙:防火墙是提供网络访问控制的硬件设备,实现网络会话跟踪、恶意非法链接阻断、根据规则控制访问端口等功能,提高网络安全。

（2）VPN 网关：企业网络启用防火墙后，部分企业外终端仍需要访问网络内资源，就需要使用 VPN 网关实现两个网络之间的安全访问。

（3）上网行为管理：部署上网行为系统，可以限制企业网络访问互联网特定应用，避免访问恶意或违禁网站，减少人的行为对网络健康安全的影响。

（4）防病毒系统：依赖专业病毒库，对企业终端的病毒和木马进行查杀和主动防御。

（5）入侵检测/防御系统：入侵检测系统（intrusion detection system，IDS）用来检测发生在网络内部的各种攻击行为，入侵防御系统（intrusion prevention system，IPS）则用于对网络安全攻击和恶意代码攻击进行主动防御和阻断。

（6）统一账号认证系统：随着企业数字化系统的增多，可建设统一账号认证系统来统一所有系统中账号的登录、申请、修改、注销等，避免账号管理混乱而导致数据泄露。

（7）安全域划分和访问控制策略：通过安全域划分和访问控制策略，实现多区域的安全隔离和访问控制，例如划分为办公网、生产网和工控网。

2.5.2　数据传输安全

在网络基础安全得以巩固之后，制造系统信息集成需进一步巩固数据安全，首当其冲的是保障大量数据传输场景的安全，主要安全技术包括以下两种。

（1）HTTPS 加密：HTTPS 具有端到端加密能力，数字化系统的 Web 前端、APP 后端等通过 HTTPS 提供服务后，连接数据在网络传输中会被加密保护，即使被窃听也无法解密，从而保障数据传输安全。

（2）接口数据安全：通过 Web 入侵检测系统，实时监控敏感信息泄露风险，例如存在越权访问漏洞、数据接口请求频率异常、非必要接口开放等。

2.5.3　数据存储安全

数据作为企业资产的核心，体现在数据存储环节，需要保证信息集成前后存储的数据不丢失、不泄露，特别是敏感数据、密码类数据等，主要安全技术包括以下几种。

（1）密码类数据加密：明文存储密码类数据必然不安全，但使用简单 MD5 加密也存在被彩虹表等方式破解的安全风险，因此密码类数据应采用 MD5＋随机盐、PBKDF2 等安全等级更高的加密方案加密，再存储至数据库。

（2）敏感数据加密：与密码类数据不同，敏感数据加密后还需要从密文恢复为明文，即需要使用可逆加密算法，AES 等对称加密算法的效率更高，常用于数据内容的加密，RSA 等非对称加密算法则用于通信密钥、数字签名等重要字段的加密。

（3）系统代码密钥管理：系统代码中常包括数据库账号密钥、APP 密钥、Web 密钥等，可采用配置文件加密、密钥拆分拼接、代码混淆、密码机等方式提升密钥安全性。

（4）数据备份管理：建立完整安全的数据备份机制，包括双机热备/互备、异地灾备、网络附接存储（Network attached storage，NAS）备份等，设计备份策略时需根据脱敏和权限要求进行配置。

2.5.4　数据使用安全

随着数据智能技术的快速发展，负责数据产生或采集的系统需要通过数据集成技术将数据提供给更多使用数据的系统，数据使用环节的安全将通过以下技术得以保障。

（1）数据权限控制：数据使用环节涉及多种角色，不同角色在不同功能模块及其数据库表中具有不同的权限，称为系统权限，甚至不同角色在同一功能模块及其数据库表的不同数据项中也具有不同权限，称为数据权限。

（2）数据源访问控制：数据库、数据仓库、数据缓存、搜索引擎、大数据平台等数据源的访问需要控制，例如账号控制、IP 控制等，最小化授权。

（3）数据安全审计：通过安全审计可以保证数据使用的流程安全，例如数据库访问必须通过脱敏系统并对查询操作进行审计。

2.5.5　数据交换安全

无论是人与系统，还是系统与系统之间的数据交换，都要保证数据从正确的起点安全地发送到正确的终点，除了基础的数据传输安全技术之外，数据交换环节还包括以下安全技术。

（1）导入导出控制：数据导出需要严格控制以避免安全风险，包括权限控制、安全审计等，数据导入风险尽管较小，也需仔细规划。

（2）数据安全交换：数据交换方式推荐使用安全方式，例如文件交换采用 SFTP 而非 FTP，数据协议采用基于 SSH 的协议，API 接口需要增加 OAuth2 等安全机制，对安全性要求更高的数据可采用 AES、RSA 等算法进行加密。

2.5.6　工控系统安全

在工业领域，工控系统连接的设备通常是企业重要的生产资源，一旦工控系统被恶意攻击，哪怕是一行数据指令，轻者可能导致设备损坏，重者可能引发重大危险事故，因此务必重视工控系统安全。工控系统安全需关注以下方面[9]。

（1）物理安全：工控系统及所控制设备建议隔离在安全域内（例如工控网），通过安全通信管道与企业其他安全域（如办公网）进行通信。安全通信管道需要进行严格的数据验证、控制和审计。安全区域内需通过物理和虚拟手段防止引入未授权的计算机、网络设备、外设（如 U 盘）、网线电缆等。

（2）网络安全：明确划分安全域，明确分配自动化控制设备（如 PLC 等）、智能生产设备、智能传感器、系统服务器、终端等硬件的网络身份。除了基础网络安全机制，工业网络还建议采用弹性和冗余架构，如环形拓扑结构、备用交换机、备用服务器、备用链路等，同时安全日志系统应对所有网络事件进行记录、监控和分析。

（3）计算机安全：针对工控系统的工作站、服务器、笔记本电脑等终端进行安全防护。首先配置合适的安全补丁更新机制，避免部分软件升级至新版后出现不兼容甚至冲突；其次可使用防火墙、防病毒、IDS/IPS 等系统保护终端；最后通过禁用通信端口、物理封禁 USB 等实体端口、启用黑/白名单等方式加固计算机终端。

（4）应用安全：通过安全漏洞检测等技术，检测应用环境的身份认证、资源授权、非安全配置、会话管理、参数操纵等漏洞。也可在开发阶段就将渗透测试、代码评审、代码分析等安全性活动融入软件设计与开发流程，实现软件开发的安全全生命周期管理。

（5）设备安全：针对工控系统的 PLC、HMI、网络设备等进行安全防护。首先及时更新设备固件；其次通过禁用非必要功能、限制物理访问、增加冗余配件等方式对设备进行加固；最后通过规范设备全生命周期流程以增强安全性。

2.6　数据集成技术

企业数字化转型是一项长期战略，在推进过程中往往需要结合企业现状、市场需求、技术趋势等因素对规划路径和技术方案进行优化和调整，难免形成若干业务关联却又数据隔离的"信息孤岛"，数据集成技术应运而生并持续发展。数据集成的本质是将分布、异构、自治的数据源集成在一起，使用户能够以统一、透明的方式访问这些数据源，从而解决数据孤岛问题。

数据集成需要覆盖数据全生命周期，从采集、传输、建模、转换、存储、访问、展示到应用，各环节中数据也呈现出不同模式。例如采集时的频率选择，传输时是实时传输还是定时传输，转换时是批式处理还是流式处理，存储时是面向多个不同功能性数据库还是面向数据湖，等等，不断组合出各种数据集成场景。而随着技术的演进，出现过一系列数据集成架构及其技术，适合不同的数据集成场景，包括点对点数据集成、总线式数据集成、微服务数据集成、离线批量数据集成、实时流式数据集成、数据湖式数据集成等[10,11]。其中，点对点、总线式和微服务三种模式聚焦系统之间的数据通信架构，而离线批量、实时流式和数据湖式三种模式则聚焦数据流端到端架构，不同模式也可融合应用于特定场景中。

2.6.1　点对点数据集成

点对点数据集成是最早出现的数据集成模式，即采用点对点的方式开发接口程序，把需要进行数据交换的系统一对一地连接起来。

点对点数据集成的优势是简单、高效、直接。然而,随着连接数据通道的增多,考虑到不同系统的编程语言、传输协议、数据格式等都可能不同,而且每个系统还可能迭代升级,而点对点技术是紧耦合结构,当一个接口变化时,所有关联的数据通道和接口程序都需要重新调试甚至开发,因此管理所有系统的接口将迅速变得极其复杂直至不可持续。

当然,在少量系统、少量数据通道的数据集成场景中,点对点模式仍然适用。

2.6.2　总线式数据集成

相对于点对点模式的无规则网状结构,总线式数据集成模式则采用 Hub 型总线结构(类似网络交换机的连接方式),通过总线中间件,屏蔽不同系统的连接方式差异,采用统一集成接口,程序工作量和连接复杂度显著降低。

总线式数据集成技术的第一代是电子数据交换(electronic data interchange,EDI),通过 EDI 中间件可定义并执行集成规则,数据的发送方和接收方都需要按照国际通用的 EDI 数据格式进行数据的收发和处理。但 EDI 标准不够全面,使得各大厂商在实现中间件时要采用大量专用协议或规范,产品功能和技术架构参差不齐,复杂系统的数据集成仍具有较高的技术困难度和复杂度。

总线式数据集成技术的第二代是企业服务总线(enterprise service bus,ESB),通过 ESB 中间件可基于 XML、Web 服务等跨编程语言、跨操作系统的标准规范来开发各个系统的数据接口,在 ESB 提供的服务注册、服务编排、服务路由、消息传输、协议转换、服务监控等核心功能支持下,实现松耦合企业数据共享,并对所有数据接口进行集中管理和监控。

ESB 是面向服务的架构(service-oriented architecture,SOA)中心化的实现方式,针对各系统的公共调用部分进行抽取并整合至中心总线,统一进行协议转换和数据处理,从而降低调用链路的复杂性、提升服务编排的灵活性。但是 ESB 结构过度依赖中心化总线,当数据量超过一定规模时将出现性能瓶颈乃至服务中断。

总线式模式仍然适用于大多数系统功能和数据规模相对稳定的场景,特别是存在一系列传统遗留系统的场景。

2.6.3　微服务数据集成

微服务架构是 SOA 去中心化架构的一种变体,业务需求彻底组件化和服务化,单个业务系统被拆分为一组可以独立开发、独立部署、独立运行的小组件或小服务,即微服务。微服务之间统一使用轻量级通信协议进行通信,例如基于 HTTP 的 RESTful API 等;微服务架构则提供服务注册、服务网关、服务配置、服务监控、服务编排等一系列公共微服务,为整体系统提供相关支持。

相比总线式模式,微服务模式呈现分布式架构,每个微服务专注于自身功能,可独立部署和灵活扩展,甚至允许使用不同的编程语言,通过负载均衡、冗余服务等技术,每个微服务允许部署多个实例以避免单点故障对全局的影响。微服务之间通信采用的 HTTP 协议、消息队列等都是被广泛使用的标准技术。因此,微服务模式常用于业务逻辑复杂度高或业务逻辑经常变化的数据集成场景。

2.6.4　离线批量数据集成

一个典型的数据集成逻辑需要从多个系统/数据库分别查询数据、计算结果,并将结果存放于中间系统/数据库供目标系统查询,这就是离线批量模式。

传统的离线批量数据集成通常指的是基于数据抽取、转换和加载(extract-transform-load,ETL)技术的数据集成,ETL 能够按照预定义的规则,从一个或多个数据源中抽取(extract)数据,清洗、过滤不符合规则的数据,再通过自定义函数、脚本等方式将剩余的数据转换(transform)为符合目标数据库要求的格式,并装载(load)到目标数据库。ETL 被广泛应用于数据仓库项目,负责完成数据从数据源到目标数据仓库转换的过程[12]。

离线批量模式中的“离线”是相对于“实时”而言的,表示数据源中的数据并非全部实时就绪,可能需要一定的延时才到达数据源,因此 ETL 在定义时间规则时需要结合数据源的实际情况进行延时处理或补偿处理。

ETL 可以基于 Kettle、Informatica、DataStage、SSIS 等 ETL 工具,不需要编写复杂代码,通过图形化配置界面快速构建;运行效率要求高或者业务逻辑复杂的 ETL 场景,也常常直接使用 SQL 或程序编码实现。

随着分布式、云原生等技术的快速发展,新一代 ETL 开始基于 Hadoop MapReduce、Spark、Flink 等计算平台的批(batch)计算引擎进行构建。

2.6.5　实时流式数据集成

工业物联网技术的大规模升级使得工业场景能够提供大量实时数据,如果继续采用传统的离线批量模式,监控异常或分析结果往往只能在数小时甚至数天后获得,可能因为决策不够及时而造成损失,也浪费了实时采集到的数据。

实时流式数据集成,通过 Kafka、Flume 等流式数据处理工具对实时数据源进行监控,并构建从实时数据源到目标系统的实时数据流通道,再通过 Flink、Spark 等计算平台的流(stream)计算引擎,对来自一个或多个实时数据源通道的数据进行实时处理和计算,并根据预定义规则向目标系统通道发送计算结果。此过程类似 ETL,但并非定时批处理,而是实时流处理,进而实现实时监控、分析、决策等应用场景。实时流式模式的目标系统可能是实时数据仓库、实时监控终端(例如监控大屏或可穿戴设备)、第三方业务系统等。

现实场景中往往是实时数据和离线数据并存,因此离线批量模式与实时流式模式常混合使用。

2.6.6　数据湖式数据集成

数据湖是一个可以存储结构化数据(如关系数据库的表)、非结构化数据(如JSON、XML、CSV、日志)、非结构化数据(如PDF、Excel、电子邮件)和二进制数据(如图片、音频、视频)等原始格式数据的存储系统,并能内置算法模型对数据进行批流计算、数据分析、机器学习等计算。相对于数据仓库,数据湖具有以下特点。

(1) 不同格式的原始数据直接入湖,无须预定义存储结构,数据清洗、处理等操作可延迟到有业务应用需求时。

(2) 汇聚Spark、Flink等批流计算引擎,PyTorch、TensorFlow等人工智能引擎,Kafka等实时数据流通道,ELK等日志框架,集成数据仓库,构建统一存储和处理平台。

(3) 内嵌数据治理工具对数据进行分层治理。

因此,数据湖具有消除数据孤岛的潜力,但数据湖式模式也面临不少挑战:如果缺乏清晰的数据管理规范,数据湖有成为数据垃圾场的风险;数据湖强大但也复杂,企业需配备专业团队才能持续发挥数据湖潜力;数据湖产品和技术仍在快速迭代,技术选型需谨慎。

本章拓展阅读

BPMN2.0符号参考

DAMA中国DMBOK知识体系

习题

1. 绘制示意图分别体现关系模型、文档模型、图状模型、分析场景的数据模型、时序场景的数据模型等数据建模和表达技术的主要特点。

2. 针对身边信息集成的实例,使用BPMN2.0进行建模描述。

3. 整理各种数据安全技术的主流厂商。

4. 对多种数据集成技术进行优劣对比分析并形成表格。

参考文献

[1]　GB/T 26335—2010,工业企业信息化集成系统规范[S].

[2]　KLEPPMANN MARTIN.数据密集型应用系统设计[M].赵军平,吕云松,耿煜,等译.北京：中国电力出版社,2018.

[3]　《新程序员》编辑部.新程序员.002：新数据库时代 & 软件定义汽车[M].北京：中国水利水电出版社,2021.

[4]　CODD. A Relational Model of Data for Large Shared Data Banks[J]. Communications of the ACM. 1970,13(6)：377-387.

[5]　SCHLEIPEN MIRIAM.工业 4.0 开放平台通信统一架构 OPC UA 实践[M].任向阳,译.北京：机械工业出版社,2020.

[6]　安筱鹏.重构：数字化转型的逻辑[M].北京：电子工业出版社,2019.

[7]　李贵俊.Camunda 工作流开发实战：Spring Boot＋BPMN＋DMN[M].北京：清华大学出版社,2021.

[8]　李斌.企业信息安全建设与运维指南[M].北京：北京大学出版社,2021.

[9]　ACKERMAN PASCAL.工业控制系统安全[M].蒋蓓,宋纯梁,邬江,等译.北京：机械工业出版社,2020.

[10]　祝守宇,蔡春久.数据治理：工业企业数字化转型之道[M].北京：电子工业出版社,2020.

[11]　用友平台与数据智能团队.一本书讲透数据治理：战略、方法、工具与实践[M].北京：机械工业出版社,2021.

[12]　邓劲生,郑倩冰.信息系统集成技术[M].北京：清华大学出版社,2012.

第3章

制造系统信息集成的相关标准

现代制造系统信息集成既是一个目标，也是一种综合技术，是在企业单元信息技术和系统得到广泛应用的基础上，通过集成而形成的支持企业生产经营全过程的集成化系统。实施企业信息系统集成是为了解决企业内部各部门之间信息不能共享、"自动化孤岛"和"信息孤岛"给企业整体效益提高带来的障碍而采取的技术和组织方法。制造涉及很多过程，相关技术层出不穷，面对如此庞大而重要的体系，需要通过标准化工作提供参考模式，为系统集成的发展提供制度体系保障。本章重点介绍制造系统信息集成的相关标准，包括设备互联标准、产品数据交换标准、物料清单(bill of material，BOM)集成标准、工程数据交换标准、工业自动化系统集成标准及信息安全标准。

3.1 设备互联标准

3.1.1 OPC/OPC UA

OPC 统一架构介绍

OPC 是 OLE for Process Control 的缩写，即应用于过程控制的 OLE。它是工业控制领域一种标准的数据访问机制，为自动化行业不同厂家的设备和应用程序相互交换数据定义了一个统一的接口函数，便于使用统一的方式访问不同设备厂商的产品数据[1]。

OPC 标准基于 Microsoft Windows 技术，使用组件对象模型(component object model，COM)/分布式组件对象模型(distributed component object model，DCOM)在软件组件之间交换数据[2]。标准为访问过程数据、报警和历史数据提供了单独的定义。

(1) OPC Data Access（OPC DA，OPC 数据访问规范）：定义了数据交换，包括值、时间和质量信息。

(2) OPC Alarms & Events（OPC AE，OPC 报警和事件规范）：定义了报警和事件类型消息信息的交换，以及变量状态和状态管理。

（3）OPC Historical Data Access（OPC HDA，OPC 历史数据访问规范）：定义了可应用于历史数据、时间数据的查询和分析方法。

OPC 标准已经能够较好地服务于工业企业，然而随着技术的发展，企业对 OPC 规范的需求也在增长。为了在工业自动化等行业安全可靠地进行数据交换，2008 年，OPC 基金会发布了 OPC UA（OPC 统一架构），这是一个独立于平台的面向服务的架构，集成了现有 OPC Classic 规范的所有功能，并且兼容上一代 OPC。与此同时，OPC UA 也为将来的开发和拓展提供了一个功能丰富的开放式技术平台（图 3-1）。

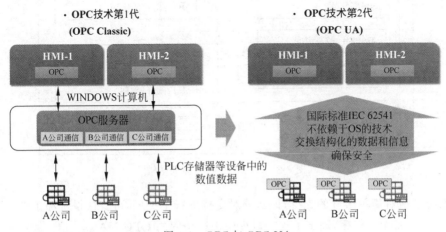

图 3-1　OPC 与 OPC UA

OPC UA 系列标准分为核心规范、访问类型规范及应用规范，共包括 13 个子协议，其体系结构如图 3-2 所示[3]。

1. 核心规范

第 1 部分：概念和概述，给出 OPC UA 的概念和概述。

第 2 部分：安全模型，描述了 OPC UA 客户端与 OPC UA 服务器之间的安全交互模型。

第 3 部分：地址空间模型，描述了服务器地址空间的内容和结构。

第 4 部分：服务，规定了 OPC UA 服务器提供的服务。

第 5 部分：信息模型，规定了 OPC UA 服务器的类型及其关系。

第 6 部分：映射，规定了 OPC UA 支持的传输映射和数据编码。

第 7 部分：规约，规定了可用于 OPC 客户端和服务器的行规。这些行规提供可用于一致性认证的服务组或功能组。服务器端和客户端将根据行规进行测试。

2. 访问类型规范

第 8 部分：数据访问，规定了使用 OPC UA 进行数据访问。

第 9 部分：报警和条件，规定了使用 OPC UA 支持用于访问报警和条件。基

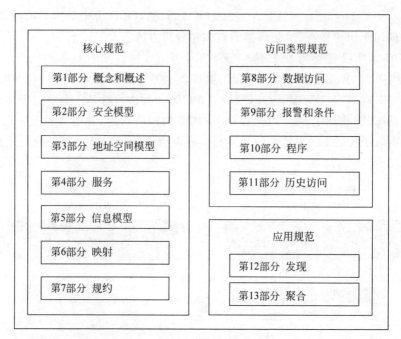

图 3-2 OPC UA 系列标准结构

本系统包括对简单事件的支持,该部分对支持进行了扩展,可支持报警和条件。

第 10 部分:程序,规定了支持对程序进行访问的 OPC UA。

第 11 部分:历史访问,规定了使用 OPC UA 进行历史访问,包括历史数据和历史事件。

3. 应用规范

第 12 部分:发现,规定了发现服务器在不同情况下如何工作,并描述了 UA 客户端和服务器应如何进行交互。该部分也定义了如何使用通用目录服务协议(例如 UDDI 和 LDAP)访问 UA 相关信息。

第 13 部分:聚合,规定了如何计算和返回聚合,如最小值、最大值和平均值等。聚合可与基本(实时)数据和历史数据(HDA)同时使用。

OPC UA 将各个 OPC 规范的功能集成到一个可扩展的框架中,独立于平台并且面向服务,这种多层级方法实现了最初设计统一架构规范时的目标。

3.1.2 MTConnect 与 NC-Link

1. MTConnect

20 世纪 70 年代,随着可编程逻辑控制器(PLC)和自动化技术的发展,数控系统的管理由传统的集中式控制结构逐渐走向网络化、复杂化的分布式控制结构。为了解决机床数据难以交互、数据格式不兼容的问题,美国机械制造技术协会(the

Association for Manufacturing Technology，AMT）2006 年提出了数控设备之间的数据交换标准协议 MTConnect，用于机床设备的互联互通[4]。

MTConnect 是一种数据和信息交换标准，它基于描述与制造操作相关的信息术语数据字典[5]。该标准还定义了一系列语义数据模型，这些模型提供了该信息与制造操作相关联的，清晰、明确的表示。

MTConnect 标准基于可扩展标记语言（extensible markup language，XML），采用 HTTP 作为数据传输协议，并提供了与整个制造操作中使用的其他标准、软件应用程序和设备的最高级别的互操作性。利用 MTConnect 实现的制造软件系统可以用一个简单的结构表示，如图 3-3 所示。

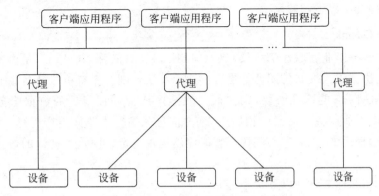

图 3-3　MTConnect 实现的基本结构

MTConnect 标准共由 5 部分组成，各部分内容简述如下[6]：

第 1 部分：概述和基础，提供 MTConnect 标准的概述，并定义了与该标准相关的所有文档中使用的术语和结构。此外，该部分还描述了代理提供的功能及用于与代理通信的协议。

第 2 部分：设备信息模型，定义用于描述设备可提供数据的语义数据模型，该模型详细说明了用于描述每个设备的结构和逻辑配置的 XML 元素。该部分还描述了制造操作中设备可能提供的每种类型的数据。

第 3 部分：流信息模型，定义组织从设备收集数据的语义数据模型，并从代理传输到客户端软件应用程序。

第 4 部分：资产信息模型，概述了 MTConnect 资产和代理提供的功能，以传达与资产相关的信息，并描述 MTConnect 标准文档中定义的每种类型 MTConnect 资产的各种语义数据模型。

第 5 部分：接口，定义交互模型的 MTConnect 实现，用于协调制造系统中使用的设备之间的操作。

相较于其他协议，MTConnect 协议主要包含以下特点。

（1）MTConnect 基于 XML 提供广泛认可的、易于交互的、机器可读的数据。

（2）MTConnect 将 HTTP 作为数据传输协议，并兼容整个生产操作中使用的其他标准，因此在软件应用程序和设备中保持高级别的互操作性，HTTP 以加密形式传输也保证了数据的安全性。

（3）MTConnect 源代码对 Linux 免费开放，提供了用于建模和组织数据的方法解释来自各种数据源的数据，从而降低开发应用程序的复杂性和工作量。

基于上述特点，MTConnect 为数控机床厂商提供了一个即插即用、标准、开放的数据传输协议，提升了数控机床的数据交互和采集能力，降低了数控机床的部署成本，提升了产品竞争力。对于用户而言，基于 MTConnect 可以快速对数控机床进行升级改造，使原有的机床不再是一个"哑设备"，实现车间内数控设备之间的互联互通，提升工厂生产效率。

NC-Link
标准介绍

2. NC-Link

数控装备工业互联通信协议 CT/（MTBA 1008）简称 NC-Link，是由中国机床工具工业协会正式发布的团体标准。NC-Link 平台围绕支持机床装备企业的应用和推广 NC-Link 的标准协议，构建面向制造产线、车间、工厂的数据服务基础设施，打破因工业设备通信接口相异造成的"信息孤岛"，为车间生产管理、预测性分析、设备远程运维、工业产品溯源等智能应用提供稳定、可靠、可持续的数据资产运营服务[7-8]。

NC-Link 标准分为以下 7 个部分。

第 1 部分：通用技术条件，规定了 NC-Link 的体系架构和通用技术要求。

第 2 部分：联网参考模型，规定了 NC-Link 的联网参考模型、信息交互流程、运行信息交互要求。

第 3 部分：数控装备模型定义，规定了 NC-Link 中数控装备模型的组成结构和描述方法。

第 4 部分：数据项定义，给出了 NC-Link 数控装备模型中设备对象、组件对象和数据对象的数据项定义。

第 5 部分：终端及接口定义，规定了应用系统终端注册，数控装备终端发现机制，NC-Link 适配器、代理器、应用系统三者之间的接口定义。

第 6 部分：安全性，规定了 NC-Link 适配器、代理器、应用系统的接入过程和数据传输过程的安全要求。该部分适用于 NC-Link 安全机制的设计和应用开发。

第 7 部分：评价规范，规定了 NC-Link 的评价方法。该部分适用于采用 NC-Link 开发的产品的测试与评价。

NC-Link 由数控装备层、NC-Link 层和应用系统层组成，其体系架构如图 3-4 所示，NC-Link 层应满足与数控装备层、应用系统层之间信息交互的通信功能。

在图 3-4 中，应用系统层为信息应用方和（或）控制指令发出方，可以是一个或多个应用系统，如 ERP、MES、PLM、PDM、SCM、CRM 等。数控装备层为信息提供方和（或）受控方，可以是一个或多个数控装备，如数控机床、工业机器人、自动搬

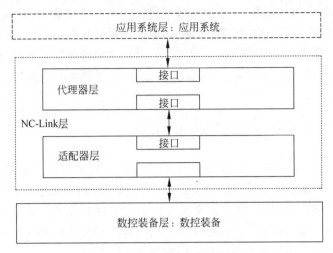

图 3-4　NC-Link 的体系架构

运车、清洗设备、检测设备、自动化生产线和自动料库等。NC-Link 层为应用系统层与数控装备层的信息交互中介方,由适配器层和代理器层组成。

3.1.3　IPC 互联工厂数字交换

IPC-2591
标准介绍

未来工厂互联互通是基础,数据是核心,如何从用户角度定义设备加工数据内容的完整性、有效性、可扩展性将是工厂数字化转型工作的重点。为解决制造工厂底层数据的采集和分析问题,并将数据进行有效的归类整理,国际电子工业连接协会(the Institute of Printed Circuit,IPC)发布了 IPC-2591《互联工厂数据交换(CFX)》标准(IPC-2591)。虽然该标准旨在支持印制电路板生产的相关业务,但 CFX 的使用同样可以扩展到机械装配、定制化、包装和运输等下游环节,以及电气、机械子部件等上游环节。

CFX 通信包含三个关键要素:传输、编码和内容。传输是消息传递的机制和基础架构,编码是传输所需的数据编码方式,而内容则是待编码数据的定义和含义。CFX 将以上要素结合以实现真正的"即插即用"标准。

由于 CFX 数据的全向性,任何 CFX 的端点都可以产生并使用数据。考虑如下应用场景,将来自不同供应商的设备连接在一起组成一条产线。设备既能够将 CFX 消息发送到产线中的其他设备,也能够将 CFX 消息发送到 MES 等的信息系统。同时,设备也能够从产线中的其他设备或信息系统接收 CFX 消息,以优化设备相关操作,甚至帮助设备供应商开发出更具价值的新功能,如支持设备专有的工业 4.0。通过这种方式,智能化、数字化的工业 4.0 工厂将由许多不同的工业 4.0 应用程序构成,每个应用程序都可由不同的供应商提供,实现设备、产线、工厂甚至企业层级的协作,通过 CFX 无缝地共享数据。

CFX 标准中的"大数据"概念包括来自整个工厂的不同数据,如绩效、物料、资源、用户、品质、产品追溯等,这些数据共同形成了一个"大数据"环境。CFX 因此能够为制造过程提供更多的附加值,例如,提升运营效率和生产力、质量和可靠性、灵活性与响应能力。在 CFX 标准的帮助下,组织将能够确保最终用户及消费者获得满意或超出预期的产品和服务,并采用最及时、最经济可行的方法。

3.2　产品数据交换标准 STEP

STEP 标准
介绍

　　1983 年 12 月,国际标准化组织(ISO)成立了工业自动化系统技术委员会(ISO/TC 184),该委员会下设第四分技术委员会(SC 4)的领域即产品数据交换,其制定的标准被称为《工业自动化系统与集成　产品数据表达与交换》(standard for the exchange of product model data,STEP),标准编号为 ISO 10303[10]。之后我国陆续等同采用该标准发布了我国国家标准 GB/T 16656。

　　STEP 是一套关于产品整个生命周期中数据表达和交换的国际标准,目的是规定一种贯穿产品全生命周期的、计算机可解释产品数据的无二义性表达和交换格式,这些信息被组织成应用协议和集成资源的形式。STEP 标准所属的各部分被分成了多个子系列。每个子系列都具有同一种功能,如描述方法(10 系列)、实现方法(20 系列)、一致性测试方法与框架(30 系列)、集成通用资源(40 系列和 50 系列)、集成应用资源(100 系列)、应用协议(200 系列)、抽象测试套件(300 系列)、应用解释构造(500 系列)和应用模块(400 系列和 1000 系列)等。每个子系列可包含一个或多个部分。

1. 描述方法

　　STEP 提供了形式化描述语言 EXPRESS,这是在 ISO 10303-11 中定义的一种形式化数据规范语言,其为集成资源和应用协议提供了产品数据规范化描述的机制。这种形式化语言具有可读性,使人们能够理解其含义,又具有能被计算机理解的形式化程度,有利于计算机应用程序和支持软件的生成。EXPRESS 适用于描述产品数据的数据与约束。EXPRESS 认可来自数据元素、约束、关系、规则和函数的各资源构造的定义。该语言认可资源构造的分类与结构化。在应用协议内,可以解释各资源构造。EXPRESS 的这种解释能力是一种机制,它通过允许增加属性的约束、约束条件、资源构造与应用构造间的关系,或增加全部上述内容来简化应用协议的开发。EXPRESS 支持子类、父类层次构造,并且能够保证对产品描述的一致性,防止二义性。EXPRESS 是 STEP 中数据模型的形式化描述工具,所有 STEP 组成部分中的数据模型都是通过 EXPRESS 描述的。

2. 实现方法

　　STEP 提供了数据交换的实现方法:文件交换、应用程序界面、数据库实现和知识库实现,每一种方法都能完成对产品数据的存储、访问、传送和存档。文件交换方法通过显示正文或二进制编码,提供对应协议中产品数据描述的读和写。STEP 定义了标准中性文件格式,通过这一中性文件实现产品数据的传输与交换。

3. 一致性测试

一致性测试方法和框架的目的在于保证:①可重复性,无论在何时测试,其结果都一致;②可比较性,无论在何地测试,其结果都一致;③可检查性,在测试后,可通过检查记录来确认测试步骤的正确性。

一致性测试提供了一致性测试的方法、过程和组织机构等。它检查应用解释模型(AIM)能否完全满足应用领域的信息要求,以实现一致性。每一种实现方法都要根据一致性要求编制检测软件。

应用协议的一致性测试可以应用在该抽象测试套件中选择实现方法与测试案例的抽象测试方法来完成,一致性测试程序独立于要进行测试的实现。如果一个单独的实现组合了几个应用协议,则应分别对每个应用协议进行一致性测试。

4. 集成资源

集成资源是用 EXPRESS 语言描述的实体类型、功能、规则和参照的集合体,它们共同定义了对产品数据模型的有效描述,定义了产品数据的全局信息模型。集成资源不仅详细给出了产品几何形状的表达方法,如边界表示法 B-Rep、构造立体几何法 CSG、特征造型法等,还支持公差、材料、表面粗糙度等非几何信息的表达。

5. 应用协议

应用协议(application protocol,AP)就是选用集成资源中的资源构件(实体),对它进行变更并增加约束、关系和属性,以满足某一具体应用的信息要求。一个应用协议包括定义一个应用的范围、相关环境和信息要求。为了阐明该范围、相关环境及信息要求,这些定义可以规定在该应用中不予考虑的功能、过程或信息。该范围的陈述由描述应用的过程、信息流及功能要求的应用活动模型(application activity model,AAM)支持。该活动模型被包含在该应用协议的资料性附录中。为满足该应用协议定义的相关环境和范围中的应用要求,要对资源构造加以解释。在使用 EXPRESS 语言的应用解释模型(application interpreted model,AIM)中,规定了表达该应用信息要求的资源构造。AIM 由该集成资源规定的资源构造组合而成。

6. 抽象测试套件

抽象测试套件是包含支持一致性要求的应用协议的一组抽象测试件。对于每个应用协议,都有对应的抽象测试集测试协议的实现是否满足协议的一致性要求。抽象测试件通过形式化 EXPRESS 语言定义。每一个抽象测试件提供评测一个或多个一致性要求是否满足所需的动作,这些动作的描述与具体实现无关。一个应用协议的所有抽象测试件构成了抽象测试集。

7. 应用模块

应用模块(application model,AM)是在未来应用协议的开发中可重复使用的一些小信息模型。因此,他们只被数据模型的开发者使用。第 1 个应用模块是 CAD 模型数据某些外观的表达。

在 ISO 10303 的不同应用协议中,很多模型是重复使用的。为简化开发,该标准将众多重复使用的应用模型制定成标准的应用模块,供各应用协议引用。ISO 10303 给出了若干种应用模块,具体见该标准的应用模块子系列的各部分。

每个应用模块只提供该可重复使用模型的基本概念和定义,并规定如何创建内容,包括范围语句、信息需求、映射和模块解释模型的集合表达规范,一般不给出特殊用途的表达规范。多个应用模块组合可以从事一项特定任务。

8. 应用解释构造

应用解释构造(application interpreted construct,AIC)是描述多个应用协议共有概念的数据模型的一部分。在 GB/T 16656 的不同应用协议中,实际上有很多模型的内容是相同或相似的。为了产品数据能在多种相关应用环境中使用,以简化开发并避免重复,在 ISO 10303 标准中把不同领域中具有共性的信息模型抽取出来,制定成标准的应用解释构造,以供不同的应用协议引用。ISO 10303 给出了若干种应用解释构造,具体见该标准的应用解释构造系列的各个部分。

应用解释构造是解释构造的一种逻辑组合,用以支持多种应用环境下产品数据特定功能的实现。解释构造是对应用协议中支持共享信息需求的集成资源的通用解释。

STEP 标准既是一种产品信息建模技术,又是一种基于面向对象思想方法的软件实施技术。它支持产品从设计到分析、制造、质量控制、测试、生产、使用、维护到废弃整个生命周期的信息交换与信息共享。发达国家已经将 STEP 标准应用于工业领域。它的应用显著降低了产品生命周期内的信息交换成本,提高了产品研发效率,成为制造业进行国际合作、参与国际竞争的重要基础标准,是保持企业竞争力的重要工具。

3.3　BOM 集成标准

产品数据是制造业竞争力的核心。在产品数据中,最重要的数据是物料清单(bill of materials,BOM)。对于一个制造企业来讲,BOM 可以说是连接原材料(外购的零部件)与最终产品的灵魂纽带,从信息化系统层面来讲,BOM 也是多种企业级一体化管理体系应用必需的基础性数据之一,对制造企业发挥着重要作用。

2016 年 7 月 1 日,国家质检总局和国家标准化管理委员会联合发布的国家标准《以 BOM 结构为核心的产品生命中期数据集成管理框架》(GB/T 32236—2015)

正式实施。该标准在清华大学软件学院多年科研工作的基础上,历时 4 年编制完成。该标准的发布和实施为相关科研工作和企业生产活动起到规范与指导作用。

GB/T 32236—2015 是产品全生命周期数据管理的一部分。该标准将产品生命中期的数据分为共性数据、个性数据和管理数据三大类,支持产品生命中期和产品生命前期、产品生命末期的数据集成,实现产品使用与维修知识的管理,推动制造企业以维修服务为核心的制造服务业实现产品多元化并走向国际化。

GB/T 32236—2015 规定了产品生命中期数据采用面向对象的管理模型,以及中期数据与前期、末期数据之间的关联模型。该标准适用于复杂装备制造业面向产品维护、维修、大修(maintenance repair and overhaul,MRO)等业务信息化管理技术的研究、开发、咨询、培训与应用。产品全生命周期的前期与末期数据管理亦可参照采用。

产品数据集成管理框架包括四个层次,即 BOM 层、业务项层、数据项层和数据层。BOM 层是产品数据管理框架的核心结构。产品生命前期相关的设计、工艺、制造等数据分别由功能 BOM、设计 BOM、制造 BOM、成品 BOM 和交付 BOM 等进行管理。产品生命末期相关的报废和再利用等数据由拆卸 BOM 管理。

产品生命中期相关的维修服务数据也分为共性数据、个性数据和管理数据三大类。三类数据通过维修 BOM 进行管理。产品生命中期维修 BOM 包含中性 BOM 和实例 BOM 两大类。中性 BOM 内的中性物料管理共性数据,实例 BOM 内的实例物料管理个性数据。每种中性物料通过关系项与全部对应的实例物料之间建立关联,从而建立共性数据和个性数据对之间的对应关系,这是集成管理框架的关键。对维修 BOM 的数据进行收集、整理和分析,实现对管理数据的有效管理使该集成模型具有闭环管理的特点。产品生命中期数据集成管理框架示意图如图 3-5 所示[11-12]。

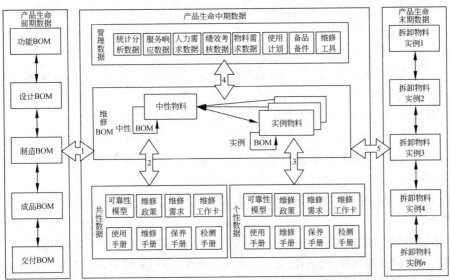

图 3-5　产品生命中期以 BOM 为核心的数据集成管理框架

中性 BOM 向前关联设计、制造 BOM,向后关联服务保障实例 BOM 和拆卸 BOM,实现产品生命中期与前期、末期的数据集成。中性 BOM 的业务对象作为桥梁,将不同阶段的不同业务对象连接起来,通过设定的权限规则实现各种数据对象的共享和一致性保障,使得各类人员在分享产品全生命周期数据过程中提高企业核心竞争力。

以中性 BOM 为核心的产品生命中期数据集成管理框架不仅适用于产品生命中期,也适用于产品全生命周期的前期和末期。设计人员能够随时获得产品实际运行情况和新问题,并不断改进和创新。使用人员全面了解产品性能和质量,最大限度地发挥产品的能力。维保人员科学合理安排维修保养,在提高设备完好率的基础上降低维修成本。再制造人员根据各类履历表充分利用物料剩余寿命,实现节能减排。

3.4 自动化领域工程数据交换标准 AML

自动化标记语言(automation markup language,AML)是一种基于可扩展标识语言(extensible markup language,XML)架构的数据格式,用于支持各种工程工具之间的数据交换。其最终目标是促进不同设备制造商、运营商工具以及不同工业领域之间的工程工具进行交互,开展数据交换,连接异构工具之间的数据集成,如机器人控制、机械工程装置、电气设置、过程工程、过程控制工程、人机界面发展、PLC 编程等。

AML 工作主要由 IEC 的工业过程测量、测量和自动化技术委员会(IEC/TC 65)分技术委员会(SC 65E)企业系统中的设备和集成下设的工程数据交互格式工作组(WG9)负责,该工作组为不同工程工具间的数据工程设计规定工程数据的交互格式。目前已经发布的 IEC 62714 是关于 AML 的系列标准,该系列标准由针对 AML 不同方面的几个部分组成[13]。

第 1 部分:架构和通用要求,该部分规定了 AML 的架构,工程数据的建模、类、实例、关系、引用、分层结构,AML 基本库和扩展 AML 概念。它是现有和未来所有其他部分的基础,并且为其他子格式提供参考机制(IEC 62714-1:2014)。

第 2 部分:角色库,该部分规定了附加的 AML 库(IEC 62714-2:2015)。

第 3 部分:几何和运动信息,该部分描述了几何和运动信息的建模(IEC 62714-3 Ed.1.0)。

第 4 部分:逻辑信息,该部分描述了与逻辑、序列、行为和控制相关信息的建模。

国内方面,《工业自动化系统工程用工程数据交换格式 自动化标识语言 第 1 部分:架构和通用要求》(GB/T 39003.1—2020)等同采用 IEC 62714-1:2018,由全国工业过程测量控制和自动化标准化技术委员会工业在线校准方法分技术委员会(SAC/TC 124/SC 7)主持编制工作。该标准着重研究 AML 的架构和通用要求,明确 AML 的架构,工程数据的建模、类、实例、关系、引用、分层结构和 AML 各种类型的基本库,该标准是 AML 系列标准中最为共性的基础标准。IEC 62714 系列标准的其余部分也将转化为国家标准。

3.5　IEEE 工业自动化系统与集成

工业自动化系统集成是创新的工业生产解决方案,具体是指综合运用控制理论、电子设备、仪器仪表、计算机软硬件技术及其他技术,实现生产过程的检测、控制、优化、调度、管理和决策,达到提高生产效率和质量、降低消耗、确保安全等目的的一类综合性技术。

IEC 62264
标准介绍

为了更好地实现工业自动化系统的集成,美国仪器、系统和自动化协会(Instrumentation,Systems and Automation Society,ISA)从 2000 年开始陆续发布 ISA-95 标准,希望通过标准化的方式解决系统集成中存在的一些问题。该标准已通过国际标准化组织(International Organization for Standardization,ISO)和国际电工委员会(International Electro Technical Commission,IEC)的技术审查和表决,正式发布为 IEC 62264 国际标准(以下简称标准),而后又被我国等同采标为我国的国家标准,即 GB/T 20720《企业控制系统集成》。标准共分为 6 个部分。

标准的第 1 部分(IEC 62264-1)包括层次模型、功能数据模型和对象模型。其中层次模型以美国普渡大学企业参考体系结构(Purdue Enterprise Reference Architecture,PERA)为基础,提出了制造企业功能层次模型,将制造企业的功能划分为 5 个层次;而后又经进一步论证与细化,在 IEC 62264-3 中给出了各层次功能清单,最终得到完整的功能层次模型,如图 3-6 所示[14-15]。功能数据流模型详细定义了与企业生产制造密切相关的 12 种基本功能,以及各个功能之间传递的重要信息流。为了实现对企业各类制造资源和企业第 3 层活动与第 4 层活动之间一般性接口的对象化描述,IEC 62264 采用 UML 语言定义了 4 大类 9 种对象模型。其中人员模型、设备模型和物料模型是 3 类基础资源对象模型,可作为构建其他对象模型的基础。

标准第 2 部分主要针对第 1 部分中定义的对象模型,定义了相对应对象模型的属性,具体包括对象识别、数据类型和具体范例等方面的规定,通过属性表的方式表征,从而实现对对象模型的进一步规范化描述,便于企业对制造过程信息进行统一建模与有效集成。

标准第 3 部分首先面向企业功能层次第 3 层内部,提出并确立了制造运行管理(manufacturing operations management,MOM)的概念;其次在功能数据流模型的基础上,根据各种业务功能性质的不同,将制造运行管理内部细分为 4 类不同性质的主要区域:生产运行管理、维护运行管理、质量运行管理和库存运行管理,从而给出制

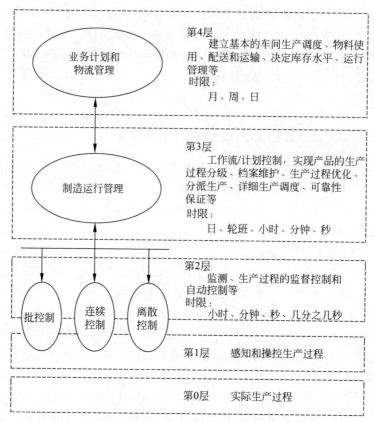

图 3-6 功能层次模型

造运行管理的整体结构。

标准第 4 部分主要定位于支撑标准第 3 部分定义的 MOM 活动模型,为活动模型中的各项活动定义相应的对象模型及其属性,从而进一步规范制造运行管理内部的数据交换接口。

标准第 5 部分定义了各对象模型之间进行信息交换的信息通用结构。每个信息都包含两个主要区域:一个是应用识别区域,另一个是数据区域。应用识别区域用于识别信息的基本情况,包括信息的来源、返回地址、创建日期、其他发送者信息等。数据区域则包含动词域和名词域两个部分,其中动词域包含动词和相关元素,用以表征接受信息后需要执行的行动或者对有关请求的响应;名词域包含名词和相关元素,用以表征对象模型所定义的一个或多个对象。

标准第 6 部分定义了一组可用于交换信息消息的服务,用于在发布/订阅模式和请求/响应模式中交换数据或消息的消息传递服务模型(messaging service model,MSM)。它定义了消息交换系统的最小接口子集。消息传递服务模型为应用程序提供了一种发送和接收来自 MSM 服务提供者的消息的方法,而无须考虑底层通信机制,是完整的应用程序到应用程序通信协议的一部分。

　　IEC 62264 标准清晰界定了该领域研究问题的边界范围,确立了生产、维护、质量和库存并重的 MOM 新框架,为信息的有效集成与互操作提供了有力支撑,并为 MOM 内部活动提供了规范化的逻辑描述。

3.6　信息安全标准

　　工业控制系统(industrial control system,ICS)是指对工业生产过程安全、信息安全和可靠运行产生作用和影响的人员、硬件和软件的集合。随着计算机和网络技术的发展,尤其是信息化与工业化的深度融合,工业控制系统越来越多地采用通用协议、通用硬件和通用软件,通过互联网等公共网络连接的业务系统也越来越普遍,这使得针对工业控制系统的攻击行为大幅增长,也使得工业控制系统的脆弱性逐渐显现,面临的信息安全问题日益突出。

　　为填补我国工控领域无标准依据进行系统和产品评估验收的空白,2014 年 12 月,全国工业过程测量控制和自动化标准化技术委员会(SAC/TC 124)发布了推荐性国家标准 GB/T 30976《工业控制系统信息安全》,该标准分两个部分:评估规范(GB/T 30976.1—2014)和验收规范(GB/T 30976.2—2014)。(GB/T 30976.1—2014)规定了工业控制系统(SCADA、DCS、PLC、PCS 等)信息安全评估的目标、评估的内容、实施过程等。适用于系统设计方、设备生产商、系统集成商、工程公司、用户、资产所有人以及评估认证机构等对工业控制系统的信息安全进行评估时使用。GB/T 30976.1—2014 包括术语、定义和缩略语,工业控制系统信息安全概述,组织机构管理评估,系统能力(技术)评估,评估程序,工业控制系统生命周期各阶段的风险评估及评估报告的格式要求等内容[16-17]。

　　工业控制系统的信息安全特性取决于设计、管理、健壮性和环境条件等各种因素。系统信息安全的评估应包括系统生命周期内的设计开发、安装、运行维护、退出使用等各阶段与系统相关的活动。必须认识到系统面临的风险在整个生命周期内会发生变化。评估系统信息安全特性时,应考虑以下方面:危险引入点,危险后果的受体及其影响,传播途径,降低风险的措施,环境条件,组织机构管理。

　　《工业控制系统信息安全》标准的发布,对今后建立国际领先的工业控制系统信息安全评估认证机制,形成我国自主的工业控制系统信息安全产业和标准体系,保障国家经济的稳定增长和国家利益安全,具有现实意义。

习题

　　1. 设备互联标准有哪些?各有什么特点?
　　2. 为什么需要产品数据交换标准?

3. 简述产品生命中期数据集成管理的主要内容。

4. 简述工业自动化系统集成标准的功能层次模型。

5. 简述信息安全在工业系统中的重要性。

参考文献

[1] MAHNKE W,LEITNER S H,DAMM M. OPC 统一架构[M]. 马国华,译. 北京：机械工业出版社,2012.

[2] 葛宁. 基于 OPC UA 的智能车间数据采集与监控系统[D]. 大连：大连理工大学.

[3] GB/T 33863.1—2017,OPC 统一架构 第 1 部分：概述和概念[S].

[4] 王丽娜. 基于 MTConnect 的数控设备互联互通技术研究与实现[D]. 沈阳：中国科学院沈阳计算技术研究所,2018.

[5] 赵桢. 基于 MTConnect 的数控装备建模标准化及互联互通互操作实现研究[D]. 重庆：重庆大学,2020.

[6] GB/T 39561.1—2020,数控装备互联互通及互操作 第 1 部分：通用技术要求[S].

[7] 路松峰. NC-Link 标准及应用案例[J]. 世界制造技术与装备市场,2021(1)：33-36.

[8] 江强. NC-Link 协议设备模型定义描述与规范检验研究[D]. 武汉：华中科技大学,2019.

[9] IPC 2591-2019,互联工厂数据交换(CFX)[S].

[10] 王翠表,温丽娟. 产品数据交换标准 STEP 简介[C]. 企业应用集成系统与技术学术研究会论文集,2006：51-53.

[11] GB/T 32236—2015,以 BOM 结构为核心的产品生命中期数据集成管理框架[S].

[12] 莫欣农,严进军. "BOM 国家标准"年内实施《以 BOM 结构为核心的产品生命周期中期数据集成管理框架》发布[J]. 中国设备工程,2016(3)：1.

[13] GB/T 39003.1—2020/IEC 62714-1：2018,工业自动化系统工程用工程数据交换格式自动化标记语言 第 1 部分：架构和通用要求[S].

[14] 陈曦,王晓岚,肖天雷,等. 应用于智能制造领域工程数据交换格式基础共性技术分析[J]. 中国标准化,2017(5)：92-96.

[15] GB/T 20720.1—2019/IEC 62264-1：2013,企业控制系统集成 第 1 部分：模型和术语[S].

[16] GB/T 30976.1—2014,工业控制系统信息安全 第 1 部分：评估规范[S].

[17] GB/T 30976.2—2014,工业控制系统信息安全 第 2 部分：验收规范[S].

第4章

自动化生产系统中的信息集成

自动化生产系统是围绕生产目标而构造的物理信息系统与相关组织,能降低成本、提高生产效率,最终实现规模化的经济效益。根据生产制造应用场景的不同,自动化生产系统可以分为多种类型。例如,根据制造对象的工艺类型,分为流程型生产系统(如饮料的生产过程就是连续的流程型)和离散型生产系统(如汽车的生产过程就是离散型)。根据产品生产线是否具备满足客户需求生产多品种产品的能力,分为刚性生产系统与柔性生产系统。作为自动化生产系统的演进目标,智能制造系统要求具备柔性生产的能力。在当今消费者需求与市场客户需求越来越个性和"长尾"的情况下,柔性生产的能力越来越重要。

4.1　自动化生产系统的主要构成

自动化生产系统通常是由加工、检测、物流和装配线等多个单元加上计算机控制系统单元构成的。在中大型自动化生产系统中,计算机控制系统单元通常包括两个重要的子系统:分布控制系统(distributed control system,DCS)和监控与数据采集(supervisory control and data acquisition,SCADA)系统,实现生产线的管理和监控。加工单元包括机床和相应的自动化控制系统,比如分布式数控(distributed numerical control,DNC)系统;检测单元负责检测产品的生产质量,包括硬件部分(如工业机器人)和软件部分(如统计分析软件);物流单元包括立体仓库及相应的软件系统,例如库房管理系统(warehouse management system,WMS),自动导引车(automated guided vehicle,AGV);装配单元则由上料模块、自动化装配模块与输出模块构成。为了更好地实现自动化和持久的规模经济效应,系统中的某些单元还包括工业机器人、人机协作环节等。

图 4-1 为典型的离散自动化生产系统的空间示意图。该产线用于生产汽车 RV 系列蜗轮蜗杆减速器产品的装配,可以根据订单需要生产不同类型的 RV 系列减速器产品[1]。整个产线工序为:先在机加工区的加工单元进行零件加工,再

图 4-1 典型的离散自动化生产系统的空间示意图

进入检验区的检测单元进行质量检测,接着把检测合格的产品部件放入立体仓库存储,并取出需要装配的多个部件送入自动装配线,得到最后的产品 RV 系列减速器。

图 4-1 中,物流单元不仅包括立体仓库,还包括每个单元对产品和物料进行运输搬运的 AGV。自动化生产系统的计算机控制系统没有在空间图中标出,是因为计算机系统可作为云端服务器放在生产车间外,或者作为多台计算机分布在车间的各个单元。

机加工区包括多台数控(computer numerical control,CNC)机床负责自动化加工,工业机器人负责在多台数控机床之间搬运物料,后台的分布式数控(DNC)系统负责监控机床的生产和运营。加工单元通过机床、工业机器人、网络控制系统实现自动化加工过程。值得一提的是,该加工单元具备柔性制造的功能,可以根据需求在不同零部件之间进行加工工具的变换和生产。图 4-2 给出了机加工区域的具体空间图,整个柔性制造的过程如下:从右往左看,首先从毛坯料架中取料送入料库,机器人把物料从料库送到卧式车床进行第一道加工工序,再从卧式机床中把物料送到立式车床,完成后再把成品送回成品料架。

检测区的智能检验设备负责对比测量机加工的产品是否符合图纸设计的标称值(并且根据测量结果决定下一步操作);如果是零部件的三维高精度测量,智能检验设备还需要对测量结果进行误差补偿,还原测量的准确值,这借助后台系统的在线自助补偿功能就可以实现;在自动测量过程中,需要人机协助机器人抓取测

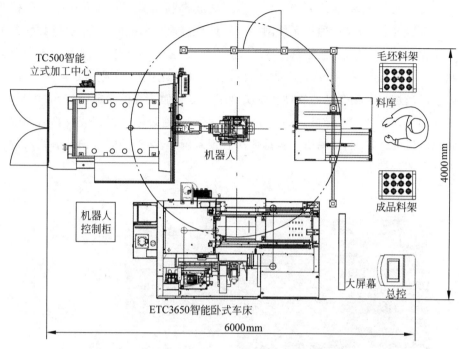

图 4-2　加工单元的空间安排

量元件并完成次品的处理工作。图 4-3 给出了检测单元的构成,比对仪、线边库和人机协作机器人等可以构成在线检测单元。因为后台系统可以连接其他地方的测量设备,比如三坐标测量机(coordinate measuring machine,CMM)、激光扫描测量臂等进行综合智能判定,实现离线检测。

图 4-3　检测单元的组成

　　物流单元包括 AGV 和立体库房。AGV 通常利用激光雷达和声呐红外传感器等设备实现自动行驶,通过无线网络获取计算机控制系统的指令,执行物料的分拣和搬运。AGV 完成系统中加工单元、检测单元、物流单元和装配单元 4 个单元之间的物料分拣和搬运。AGV 是智能制造中自动化生产系统不可缺少的部分。立体仓库通过自动化仓储的软件系统实现了智能仓储管理的功能,包括立体货架、输送线和可以移动的堆垛机。如图 4-4 所示,AGV 通过输送线把装有物料的盒子送到堆垛机的托盘上,堆垛机再根据库房管理系统(WMS)的安排把装有物料的盒子放到立体货架上。

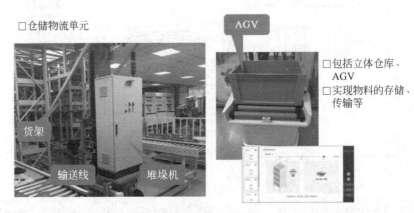

图 4-4　物流单元的组成

　　自动化装配线单元包括上料单元、工业机器人、压合单元、拧紧单元和人工装配单元。作为柔性生产线,该条自动化装配线单元可以支持两种型号 RV 减速器产品(RV040 和 RV063)的柔性生产。图 4-5 为自动化装配单元示意图。

　　综上所述,自动化生产系统的构成主要包括 5 个单元,其相应的功能和传送的信息如表 4-1 所示。计算机控制系统单元中包括多台服务器,提供自动化生产的各种服务,如信息采集和分析、网络通信和实时监控等重要功能。

表 4-1　自动化生产系统的主要构成

单 元 名 称	功　　能
加工	物料加工,关键零部件形成
检测	判别零部件质量是否合格
物流	自动分拣、传送和储存
装配	自动装配相关零部件,形成合格产品
计算机控制系统	负责信息采集和分析,网络通信和监视,如 SCADA 系统;实时控制,如 DCS

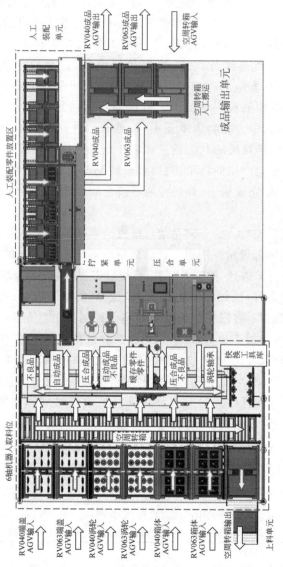

图 4-5　自动化装配单元示意图

4.2　自动化生产系统信息集成的基本需求

为了让计算机控制单元进行自动化生产,需要对上节提到的自动化生产系统各个单元包含的信息进行集成。信息集成的基本需求信息是保证生产自动化的最小数据集合。在加工单元中,基本的需求信息包括零件的身份标识(比如通过 RFID 读取)和零件托盘的身份标识、零件加工工艺参数和流程、零件加工数量、各机床和机器人的当前运行状态、数控运行程序(控制自动线的启动和停止)、设备信息显示及日志信息存储。在检测单元中,质量数据和协作机器人的状态是最关键的,同时检测程序中的工艺数据、物料数据、订单数据都需要集成到计算机控制系统单元中。在物流单元中,零件和零件托盘的 RFID 物料信息、货架工位的状态信息、堆垛机的状态信息都需要集成到整体计算机控制单元中。在装配单元中,零件对应产品的订单信息,各台装配设备的运行状态信息都需要集成到系统中。在装配完成后,计算机控制系统会指示 AGV 把成品送到指定的库房。

不难看出“人—机—料—法—环”是信息集成的重点。信息集成的基本需求根据自动化生产线的实际部署情况决定。自动化制造系统进行信息集成一般涉及 3 类数据需求:基本运营类信息、控制类信息、系统状态类信息。基本运营类信息需要在生产运营前就设定好,比如各个单元的设备编号、类型和数量;加工刀具的几何尺寸、类型和寿命数据;物流托盘的基本规格。控制类信息是涉及控制系统生产运行,特别是有关零件加工单的数据,如工程控制数据包括零件的工艺路线、数控加工的程序代码,以及生产计划数据(零件的班次计划、加工批量、交货期等)。系统状态类信息主要反映当前生产资源的利用情况,包括设备的状态信息,例如机床、物流传输系统等装置的运行时间、停机时间、故障时间和故障原因。物料的状态信息如刀具剩余寿命、破损情况和零件实际加工进度(表 4-2)。

表 4-2　自动化生产系统需要集成的基本信息

信 息 类 型	具体信息举例	用　　途
基本运营类	设备编号、类型和数量	产线维护运营
控制类	工艺路线、程序代码、生产计划数据、交货期	产线自动化生产
系统状态类	机床运行时间,故障时间,物料状态,加工进度	反映当前生产资源状况

自动化生产系统中很多重要的信息都是通过传感器系统获得的,进行信息系统集成规划时需要掌握传感器的知识。以图 4-4 的物流单元为例,其中涉及多种类型的传感器。在入库时,使用扫码枪进行扫码,快速绑定料箱和物料。立库中包含多种传感器,如激光测距传感器、光电传感器、接近传感器、限位开关等,都起到了不同的作用。

图 4-6 为反射式光电传感器,目的是确定物料箱在输送线上的位置。入库时将料箱放置于传感器上方,滚筒启动,将料箱输送至上料口。出库时用来检测滚筒传送料箱的位置,当传送至传感器上方时,滚筒就会停止滚动。图 4-7 为对射式光电传感器,把红外发射器和接收器分别装在料箱通过路径的两侧,用来检测料箱是否存在并处于安全的位置。如果料箱尺寸正常并处于正中间,那么传感器就检测不到东西;如果中间有物品阻挡或者没有摆正料箱的位置,就表明货箱尺寸太大或者没放正,系统就会报警。

图 4-6　物料单元输送线上的
　　　　反射式光电传感器

图 4-7　物流单元堆垛机上的
　　　　对射式光电传感器

图 4-8 为接近传感器,目的是确定货叉的运行位置,当滚筒将料箱传送至上料站口后,货叉将料箱运送至堆垛机上,接近传感器用来检测货叉是否到位。图 4-9 为激光测距传感器,用来确定堆垛机将料箱运送至货架货位时的相对位置。堆垛机前进时,激光测距传感器向巷道末端的墙面和堆垛机托盘的底面发射一束很细的激光,光电元件接收反射的激光束,计时器测定激光束从发射到接收的时间,计算出目标的距离。

图 4-8　物流单元堆垛机上检测
　　　　货叉位置的接近传感器

图 4-9　物流单元用来确定堆垛机位置的
　　　　激光测距传感器

MES 是面向车间生产的管理系统,在产品从工单发出到成品完工的过程中起到传递信息以优化生产活动的作用。因此 MES 需求的基本信息也是自动化生产系统信息集成的基本信息,图 4-10 给出了一个 MES 进行信息采集的示例。MES

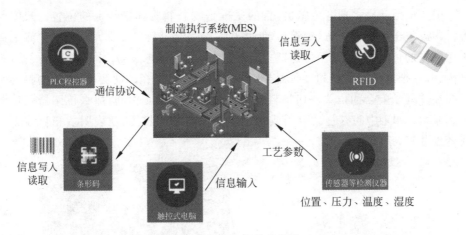

图 4-10　MES 的信息集成

集成的信息包括现场执行控制的 PLC、二维条形码、人机界面（human-machine interface，HMI）触控式电脑的输入、传感器检测到的工艺参数，以及 RFID 和条形码等多种信息。

4.3　DCS/SCADA 系统

分布式控制系统（distributed control system，DCS），也被称为集散控制系统。DCS 是以计算机控制系统为中心，采用控制功能分散、显示操作集中、兼顾局部自治和整体综合设计运营管理的仪表控制系统。随着计算机和网络技术的发展，仪表控制领域越来越多地应用 DCS。DCS 的技术基础是 4C 技术：computer（计算机）、control（控制）、communication（通信）和 CRT（显示）。DCS 通过网络将分布在工业现场附近的现场控制站和控制中心的操作（员）站、工作站（工程师站）连接起来，完成对现场生产设备的分散控制和集中操作管理。其基本思想是分散控制、集中操作、分级管理、配置灵活、组态方便。

以和利时公司典型的 DCS 硬件体系结构为例，如图 4-11 所示[1]。

该 DCS 的主要节点包括工程师站、操作员站、通信站、服务器和现场控制站。工程师站主要实现系统对生产过程的自动控制，使用软件完成工程中的某一具体任务。操作员站主要监控工艺生产流程，进行趋势分析，完成报表和各种日志。现场控制站运行相应的实时控制程序，对现场进行控制和管理，主要运行工程师站下安装的控制程序。

DCS 因其较高的可靠性和实时处理能力，在流程制造业应用广泛。DCS 从传统的仪表盘监控系统发展而来。因此，DCS 从先天性来说较为侧重仪表的控制，DCS 目前主要应用于食品饮料、制药、石化等流程行业，DCS 的核心在于实时控制。而 SCADA 系统的核心在于数据采集与调度，最早应用于电网和铁路的调度

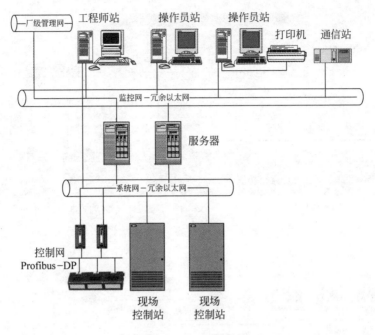

图 4-11 DCS 示例

中,并逐渐拓展到汽车、机械、电子等离散行业,能够融合 GIS(地理信息系统)等多种不同系统的信息,实现更广范围的监控。由于分布式计算机网络和关系数据库的发展,以及可视化低代码编程组态软件的出现,SCADA 系统在离散制造行业中的应用也越来越广泛。

　　SCADA 系统主要由以下部分组成:监控计算机、远程终端单元(RTU)、可编程逻辑控制器(PLC)、通信基础设施、人机界面(HMI)。基于 SCADA 概念可以构建大型和小型系统。这些系统的范围可以从几十到几千个控制回路,具体取决于应用。西门子公司和微软开发的基于 Windows 系统的 SCADA 系统软件 WinCC 在工业现场应用广泛。其主要优势是 Windows 系统和互联网可以使不同地理位置的车间和工厂连接在一起,进行数据采集和监控,如图 4-12 所示。同时因为 WinCC 的开放性和兼容性,基于 WinCC 的 SCADA 系统可以向上兼容 MES 的生产计划,向下兼容 PLC 的各种协议[3]。

　　当前,IT 技术和 OT 技术相互融合之后出现了越来越多的信息子系统,比如视频监控系统、GIS 地理位置信息系统、人工智能系统、安全预警系统、移动定位系统、故障诊断系统等。现在的发展趋势是 SCADA 系统与 DCS 的相互融合。和利时公司面向综合监控应用的新型 SCADA 系统就是融合了 DCS 框架的 SCADA 系统,既能够集中监控、共享信息,又能够协调联动各个系统和智能决策[2]。如图 4-13 所示,和利时综合监控的 SCADA 系统通过连接多个公司内外的信息子系统通信,进行大范围空间多个工厂的现场综合监控。其中 Foundation Fieldbus(基金会现

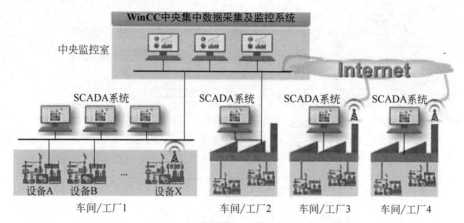

图 4-12　西门子 WinCC(SCADA 系统软件)框架

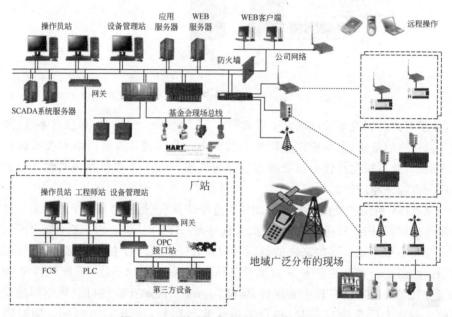

图 4-13　和利时综合监控的 SCADA 系统

场总线)是国际上统一的现场总线协议,在过程自动化领域得到广泛支持和具有专有良好发展前景的技术。

4.4　DNC/MDC 系统

DNC 系统(direct numerical control 或 distributed numerical control)是利用计算机进行直接数字控制或分布式数字控制机床的系统。随着 CNC 技术的发展,从最初的直接数字控制发展到具备信息搜集、状态监控和系统控制的分布式数字控制。最近的 DNC 发展到着眼于车间的信息集成,针对车间的生产计划、技术准备、加工操作等基本作业进行集中监控与分散控制,将生产任务通过局域网分配给各个加工单元,并相互交换其中的信息。DNC 系统的主要组成部分包括中央计算机及外围存储设备、通信接口、机床及机床控制器。由计算机进行数据管理,从大容量存储器中取回零件程序并将其传递给机床。然后在这两个方向上控制信息的流动,在多台计算机间分配信息,使各机床控制器完成各自的操作。最后由计算机监视并处理机床反馈。其中解决计算机与数控机床之间的信息交换和互联是 DNC 的核心问题。DNC 系统与数控机床的连接机制如图 4-14 所示。

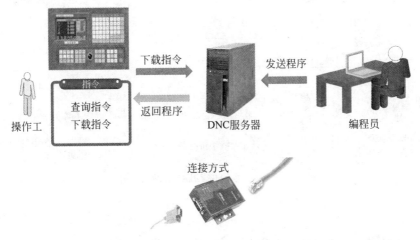

图 4-14　DNC 系统与数控机床的连接机制

DNC 系统可以管理多台数控机床,承担数据管理工作,包括程序管理(如编程任务下发和编辑)、作业计划数据管理、刀具数据管理、生产统计数据管理;承担系统控制,包括作业调度、系统控制指示、NC 程序发送、系统启动处理、机床负荷均衡、刀具管理等任务;具备系统监视功能,包括刀具磨损破损检测、系统运行状态检测与故障处理。值得一提的是,DNC 系统还能充当一个制造单元,用来构造更大规模的柔性制造自动化系统。

因为 DNC 系统具备在车间层面对系统内多台数控机床进行数据采集、系统控制与监视等功能,因此产生了专门用来实时采集并报表化和图表化车间详细制造数据和过程的软硬件解决方案,这就是车间的详细制造数据和过程系统(manufacturing data collection & status management,MDC)。MDC 被称为制造信息汇聚系统,是负责车间的详细制造数据和过程的系统,可以显示当前每台设备的运行状态,包括是否空闲、空闲时间多少、是否加工中、加工时间多少、状态设置如何、是否运行中或是否出了故障。MDC 还能够准确清楚地分析设备效率、生产环节损失、改善环节。MDC 通过设备实时状态跟踪看板,将生产现场的设备状况第一时间传递给使用者,从而提高管理效率,DNC 系统中 MDC 的网络工作图如图 4-15 所示。

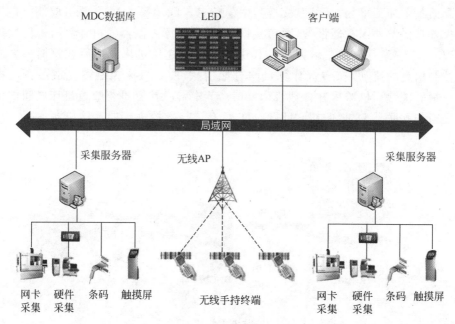

图 4-15 DNC 系统中 MDC 的网络工作图

4.5 制造工厂的物联网应用

物联网(internet of things,IoT)技术从 20 世纪 80 年代应用于饮料零售机的状态查询开始,便受到了包括微软等公司在内的持续关注,2005 年国际电信联盟(ITU)发布的 ITU 互联网报告中正式提到物联网,最新的 4G/5G 无线通信网络标准把对物联网的支持列为重要议题。

物联网的关键在于通过各种网络提供服务,比如共享单车智能锁提供的骑行服务。物联网的连接技术包括 Wi-Fi 局域网、蓝牙技术、Zigbee、4G/5G/6G 等移动通信技术,并随着这些网络技术和计算机分布式技术(例如云计算)的普及与发展而变得越来越普遍。如图 4-16 所示,物联网可以分为四层:第一层是感知层,主要采集现实世界的物理信息,包括传感器、RFID、交互终端(比如智能家居产品)和共享单车的智能锁、摄像机、物联网网关等;第二层是网络层,负责将感知层的物理信息传回至服务数据中心和应用层,包括机器到机器(machine to machine,M2M)网络、互联网、卫星网络、蓝牙等短距离无线网络;第三层是数据层,包括云计算、解析服务(比如 DNS,域名解析服务)、中间件(介于应用系统和系统软件之间的一类软件,它使用系统软件提供的基础服务,衔接网络应用系统的各个部分或不同的应用,实现资源共享、功能共享);第四层是应用层,可以应用于各行各业,比如交通、能源、安防和环保行业的软件和服务。

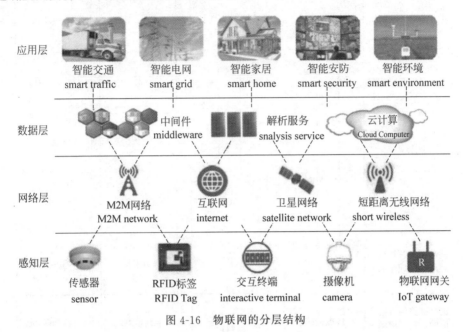

图 4-16　物联网的分层结构

物联网的优势在于其架构网络层技术的普及,以及开放的应用层生态体系带来的快速和规模化部署,具备互联网倍增和聚合的网络效应潜质。要在物联网的产业链上寻求创新,国家大力提倡的工业互联网就是一个"互联网＋制造"的典型例子。

在工厂内网中,传统的网络通信标准主要有两种:工业总线和工业以太网技术。按照国际电工委员会(IEC)的定义,现场总线是安装在制造和过程区域的现场装置之间,以及现场装置和控制室内的自动装置之间的数字式、双向串行、多节点的通信总线。现场总线的标准很多,但是缺少统一标准。为了解决现场设备之间数据传输的实时性和确定性问题,工业以太网出现了,其主要思路是融合了以太网的 TCP/IP 协议和工业现场总线协议。比较常用的工业以太网协议如 Modbus/TCP。

以 ISO/OSI 的网络通信模型为参考,现场总线、工业以太网、物联网中的 Wi-Fi 协议、5G 移动网络对应的关系如图 4-17 所示。可以看出,物联网的 Wi-Fi 协议和 5G 网络协议主要工作于第一层物理层和第二层链路层,工业以太网可以采用 Wi-Fi 协议和 5G 网络协议,在物理层和链路层上进行数据传送,但需要在其他高层做好协议的适配工作。OSI 协议栈网络数据包传递的过程有点像寄送包裹,将物品放入一个塑料袋,将塑料袋放入纸盒子,再将纸盒子分门别类放到相应的篮子里,然后装上货车开始投送,到达目的地后再同样地从车上卸货,将纸盒子拿出篮子,拆纸盒,拆塑料袋,还原最先的物品。

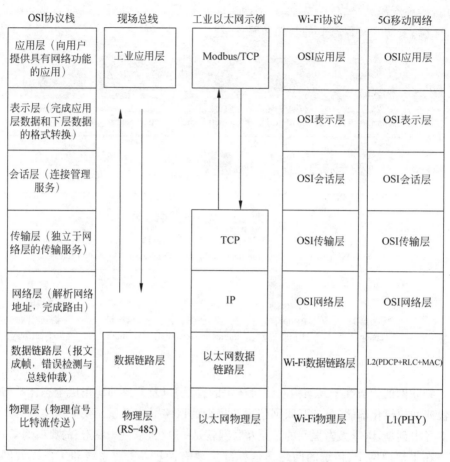

图 4-17　不同通信协议的网络通信模型比较

国际电信联盟等多个国际组织正在与多国一起推进 5G 的 NB-IoT 技术在工业现场的应用,具体的方法是采用专网建设。如图 4-18 所示,德国奔驰公司著名的 56 号工厂现场就采用了 5G 专网技术进行生产的管理和运营。56 号工厂的专用网络由西班牙电信(Telefonica)德国分公司负责建设并提供服务,网络提

图 4-18　奔驰 56 号工厂的工业现场通信采用 5G 专网技术

供商为爱立信(Ericsson)公司[4]。56 号工厂占地面积超过 22 万平方米,是工业
4.0 生产的标杆,内部物流和智能制造应用了许多高科技技术,如无人运输系
统、在线订单、数字孪生技术、自动拣货、供应商协同、无纸化工厂,将于 2039 年
实现零碳工厂。

　　56 号工厂生产 S 级轿车的生产效率将比上一代提升 25%;在生产的车型数
量、产量及零配件流转等方面,其生产灵活性达到了较高水平[5]。从高效燃油车
型到纯电动车型,56 号工厂能同时完成不同类型汽车的全部组装流程。此外,
它还能根据当前市场需求迅速、灵活地调整生产节奏。56 号工厂大刀阔斧地取
消了传统的装配线,转而采用 TechLines 传送单元(如图 4-19 所示,TechLines 是
奔驰公司设计的生产车间无人驾驶运输系统,运输待装配产品,可以理解为在车
间内按照生产计划和实际情况自行移动的生产线或者生产单元),能够在生产过
程中移动。每个 TechLine 传送单元的路径可以远程进行调整,或在站点间进行
切换。如果车型订单突然增加,系统可以轻松扩展容量。通过装配线与
TechLines 的结合,在提升大规模生产装配效率的同时,还获得了充分的灵活性,
从而毫不费力地调整产线,以应对运营挑战。从生产角度来看,奔驰 56 号工厂
大量使用了 AGV 装配线,数量在 400 台左右。在奔驰公司数字化生产体系的应
用协助下,可以实现无轨装配工位、无轨自动运输,并与自动拣货、拉料系统匹配
使用,可实现多种车型的混线生产。不仅可以保证大规模生产,又能保障产品质
量并降低生产成本。

图 4-19　56 号工厂的 AGV 装配线需要大量的高速率无线接入信道

　　5G 专网技术具备大容量、高速率、低延迟的特点,能够满足新一代产线设备的
高效、柔性化、高容量连接需求,从而实现产线数据链接和产品追踪,优化现有生产
流程;智能化连接生产系统和设备,支持高效而精准的生产流程;保证敏感生产数
据的安全传输和存储。5G 专网技术优化了 56 号工厂整个价值链的端到端网

络——从开发、设计到供应、生产和销售。

从经济效益上讲,奔驰公司不必花费巨资建设无线信息网络和运营维护,而是让电信运营商来建设,并按照服务使用的形式灵活付费,根据实际生产的需要改变网络的布局和设置,但优秀和专业的全覆盖无线宽带网络可以迅速提高企业的数字化水平。5G+工业互联网已经成为我国大力提倡的建设方向,并且已经出现了华为和中兴这样的标杆应用企业[6]。

4.6 基于物联网的信息集成案例

麦肯锡公司利用物联网技术构建的数字化卓越生产转型方案(digital manufacturing excellence transformation,digiMET)帮助企业更好地提高生产效率[7]。在该方案中,有多种类型的传感器被应用于生产线:比如腕带(wristband)传感器通过检测手部的运动计算操作工人生产中的工作负荷;Kinnect运动检测传感器将数据输入计算机算法中,判别生产过程中有助于生产的增值活动或非增值(non-valued-added,NVA)活动;RFID传感器用于追踪零部件在生产过程中的周期时间,从而分析产线间的负载情况;光电传感器(photo-electronics)用来检测设备的利用率;超宽带(UWB)传感器用来追踪人员的活动路径与区域,从而判定生产效率。传感器设备在生产线中的应用案例如图4-20所示。

传感器通过物联网连接而协同工作,前面介绍过物联网的结构有四层:含传感器的感知层、含交换机路由器的网络层、含数据库和服务器的中间层、最终的应用层。这里的应用层就是digiMET提供的咨询服务,关于当前生产效率情况的评估以及如何提高生产效率的建议。腕带(wristband)传感器和Kinnect运动检测传感器通过Wi-Fi的AP或者有线网络接入交换机(POE switch),RFID传感器(reader)通过天线Hub读取多个标签的信号后送入交换机,UWB传感器(station)收取UWB的无线信号后,再把信号送入交换机与数据服务器。该物联网的网络协议是基于传统的以太网,具体网络拓扑图如图4-21所示。

digiMET具有快速部署、实时反馈、智能调整、易于规模化的优势,已在全世界多个大型制造工厂成功应用。结果表明,该方案能够成功诊断当前生产系统中的效率问题,并能提出改进的建议,最终明显减少制造开销(manufacturing overhead,MOH),提高经济效益。

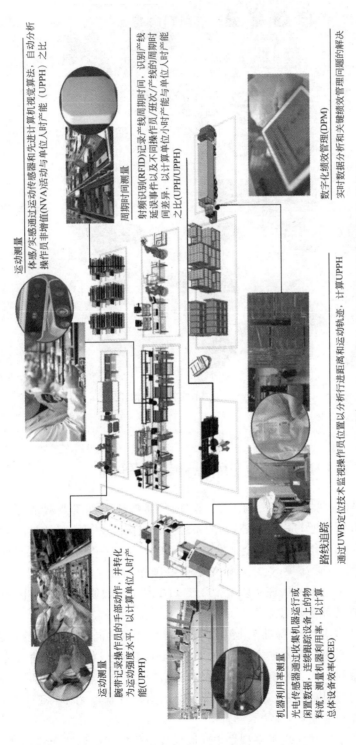

运动测量
体感/实感通过运动传感器和先进计算机视觉算法，自动分析操作员非增值(NVA)活动与单位人时产能（UPPH）之比

周期时间测量
射频识别(RFID)记录产线周期时间，识别产线延误事件以及不同操作员/班次/产线的周期时间差异，以计算单位小时产能与单位人时产能之比(UPH/UPPH)

数字化绩效管理(DPM)
实时数据分析和关键绩效管理问题的解决

运动测量
胸带记录操作员的手部动作，并转化为运动强度水平，以计算单位人时产能(UPPH)

机器利用率测量
光电传感器通过收集设备运行或闲置数据，连续跟踪设备利用率，以计算总体设备效率(OEE)

路线追踪
通过UWB定位技术监视操作员位置以分析行进距离和运动轨迹，计算UPPH

图 4-20　麦肯锡公司利用物联网技术构建的数字化卓越生产转型方案（digiMET）

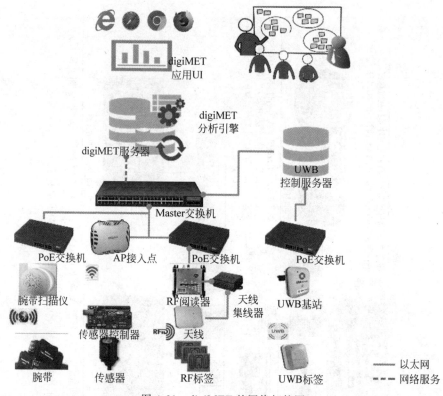

图 4-21　digiMET 的网络拓扑图

4.7　基于 OPC 规范的信息集成案例

OPC 是针对现场控制系统的工业软件标准,解决不同工业网络、设备和系统之间的互联互通问题,是工业界默认的系统互连方案。为了更好地推广 OPC 在各个工业系统中的应用,OPC 基金会推出了 OPC UA 统一架构标准,希望能够建立信息模型的统一通信模式。我国也发布了国家标准《OPC 统一架构》(GB/T 33863)并建立了相关的认证实验室。OPC UA 对于加快制造业数字化转型和智能制造升级战略具有重要意义。

图 4-22 是清华大学基础工业中心与和利时公司共同建设的一条减速器自动装配生产线示意图。从左向右看,该产线分为物流部分(包括零件输入传送线、空周转箱回流滚筒线)、工业机器人部分(带有机器视觉的 6 轴工业机器人,相关配套比如第 7 轴、夹爪快换装置等)、自动压合单元、自动拧紧单元和人工工位单元等几大模块。具体功能图如下。

这条智能装配线实现了多型号柔性混线智能化生产。该装配线在硬件上通过

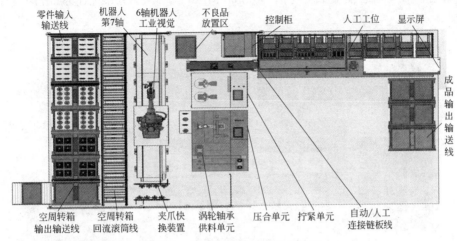

零件输入输送线　机器人第7轴　6轴机器人工业视觉　不良品放置区　控制柜　人工工位　显示屏　成品输出输送线

空周转箱输出输送线　空周转箱回流滚筒线　夹爪快换装置　涡轮轴承供料单元　压合单元　拧紧单元　自动/人工连接链板线

图 4-22　智能自动装配线的布局图

灵活可靠的机构设计与执行单元，保证高精度、高效率和高质量的柔性装配，并且通过搭建智能系统平台与数字孪生系统实现订单管理、物料管理、追溯管理、可视化生产过程管理与虚拟仿真等功能。

装配线的控制单元是可编程逻辑控制器（programable action controller，PAC）产线专用控制系统，该控制系统以和利时公司的 PLC 和运动控制器（motion controller，MC）产品为基础。减速器装配线的总控制流程图如图 4-23 所示。

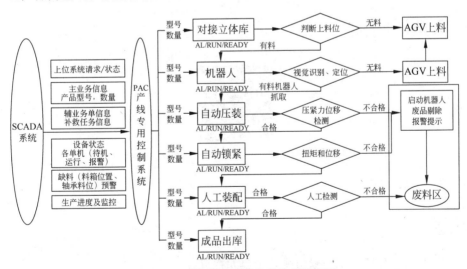

图 4-23　减速器装配线的总控制流程图

其中，SCADA 系统和 PAC 专用控制系统支持 OPC UA 协议，具体功能如图 4-24 所示。OPC UA 协议能够通信对接 HMI 模块、移动应用、业务系统（如 MES 等）、数据库（包括数据计算与数据配置），以及各种设备与系统对应的多种总线通信协议（通信前置机，包括 Modbus、IEC103/104、OPC、Ethernet/IP 等协议栈）。

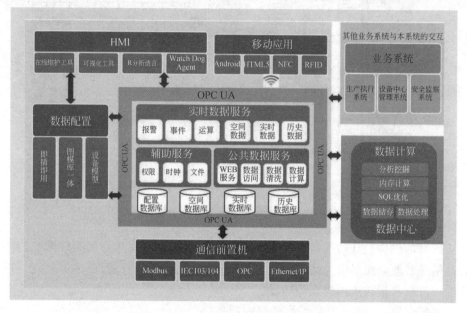

图 4-24 SCADA 系统中的 OPC UA 协议

本章拓展阅读

企业数字化转型技术发展趋势研究报告（2023 年）

习题

1. 自动化生产系统一般由哪几个单元构成？
2. 自动化生产系统集成的信息主要分哪几大类？
3. DCS 和 SCADA 系统的区别和联系是什么？
4. MDC 系统在车间生产中的主要作用是什么？
5. 当前物联网的主要技术有哪些？物联网技术应用于制造系统有哪些优势？

参考文献

［1］　王常力.分布式控制系统(DCS)设计与应用实例[M].2 版.北京：电子工业出版社,2010.

［2］　王前厚.西门子 WinCC 从入门到精通[M].北京：化学工业出版社,2017.

［3］　Mobile network of the future. The world's first 5G network for automobile production[EB/OL].（2020-06-05）［2022-05-25］. https://group. mercedes-benz. com/innovation/production/5g-network-production. html.

［4］　Ericsson. Ericsson and Telefónica to make 5G car manufacturing a reality for Mercedes-Benz［EB/OL］.（2019-06-08）［2022-05-25］. https://www. ericsson. com/en/news/2019/6/mercedes-benz-ericsson-and-telefonica-5g-car-manufacturing.

［5］　Mercedes-Bens,With its Factory 56,Mercedes-Benz is presenting the future of production［EB/OL］.（2020-09-23）［2022-05-25］. https://group. mercedes-benz. com/innovation/digitalisation/industry-4-0/opening-factory-56. html.

［6］　中国信息通信研究院.中国"5G＋工业互联网"发展报告[R].北京：中国信息通信研究院,2021.

［7］　McKinsey & Company. 中国先进制造"灯塔工厂"领跑世界,着眼长远、加速转型仍是重中之重［EB/OL］.（2020-04-08）［2022-05-25］. https://www. mckinsey. com. cn/%e4%b8%ad%e5%9b%bd%e5%85%88%e8%bf%9b%e5%88%b6%e9%80%a0%e7%81%af%e5%a1%94%e5%b7%a5%e5%8e%82%e9%a2%86%e8%b7%91%e4%b8%96%e7%95%8c%ef%bc%8c%e7%9d%80%e7%9c%bc%e9%95%bf%e8%bf%9c%e3%80%81/.

第 5 章

面向产品生命周期的信息集成

以汽车行业为代表的诸多领域,从产品设计阶段开始就需要考虑不同零部件能否相互匹配与契合,在生产过程中还需不断进行调整,甚至重新修改设计,通过反复磨合最终形成具有良好性能的产品。这就要求对从设计到制造的生产现场具有高度的组织能力,以便使设计、模具、机床乃至人员技能通过不断磨合形成高度协调的有机整体。此外,当前的产品开发不仅要具备高尖端技术,还要能够应对频发的产品质量问题及严格的环境法规限制。在这一背景下,为了减轻产品设计者的负担,导入 IT 技术,出现了一种能够辅助产品开发业务的系统——产品生命周期管理(product lifecycle management,PLM)系统。

本章将重点介绍 PLM 系统的定义,以 PDM/PLM 为中心的产品生命周期信息集成,PLM 系统核心内容物料清单(BOM)的多视角与信息集成。进而探讨 PDM/PLM 与 ERP 系统的集成。最后通过一个简单的案例说明 PLM 信息集成应用。

5.1 PLM 系统概述

新一代国产化 PLM 系统的研发与实现

面对日益激烈的市场竞争,企业采用提高生产效率、实施财务性战略措施等方式来保持自身的竞争优势,抢先竞争对手打造出具有高附加值的产品并推入市场。产品开发效率的提升离不开对 PLM 的有效管控。PLM 系统能够实现以下功能[1]。

(1)在高效实现产品设计、生产、交付这一业务流程的同时,对产品相关信息进行从设计到停止生产的整个生命周期的管理,从而创造出能够应对市场变化的产品。

(2)有效利用以往的产品开发经验,将后续产品打造为有竞争力的产品,构建更好的产品开发循环。

各行业都在引入 PLM 系统。不仅包括以汽车、尖端科技、产业机器等行业为代表的装配制造业,还包括食品、化妆品、化学及服装等行业。在这些行业中得以广泛应用并对设计开发领域提供辅助作用的 PLM 系统主要包括以下两类(如图 5-1 所示)：将从产品设计到量产开始这一范围内的管理定义为"狭义的 PLM"；将产品从最初企划设计到废止停产这一范围内的管理定义为"广义的 PLM"。

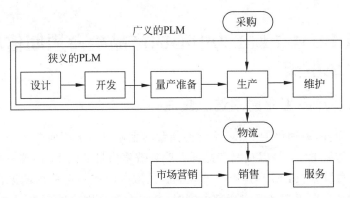

图 5-1　狭义的 PLM 与广义的 PLM

狭义的 PLM 是指在"设计、开发、试做、测试、量产"一系列工作中，对从设计到生产整个范围内的产品信息进行一体化管理，运用 IT 技术辅助管理与之相关的所有业务流程的系统。狭义的 PLM 以往被称为产品数据管理(product data management，PDM)，是现阶段被导入最多的 PLM 系统，属于 PLM 系统的一个类别。

在计算机辅助设计(computer aided design，CAD)软件将设计图数字化的基础上，PDM 不仅能对设计图进行管理，还实现了图号和产品编号的关联，设计者可以通过产品编号对设计图进行检索；对关联了产品编号的与产品设计相关的各种书面文件进行一体化管理；将设计开发阶段的产品构成信息制作成物料清单(BOM)，方便设计者登录和检索。

基于上述功能，当需要对设计进行变更时，就能针对变更的内容迅速收集相关信息，对变更前后的设计状况进行比较和探讨，从而促进以下问题的解决。

(1) 短期内状态不佳的应对。

(2) 关联部门介入设计时的设计评审管理。

(3) 通过出图作业相关的信息传递流程工作流，实现从设计开发到量产的所有产品信息的一体化管理。

广义的 PLM 是在对从产品设计开发到售后服务的产品信息与业务流程进行一体化管理的同时，将与产品相关的设备、人员及成本等相关的资源与产品生命周期整体相关的所有信息运用 IT 技术进行管理的系统。

PLM 系统不仅能对产品开发相关的产品信息进行一体化管理，还能将人员、物品、资金等"经营资源指标"和"产品信息"关联起来进行管理。通过对这些信息的灵活运用，PLM 系统能够从经营战略的视角对产品开发业务进行管理。产品开发业务是经过"集合人的智慧设计开发产品，在设计图上具体呈现并验证其机能"

这一过程,最终变为实际产品的知识集约型业务。PLM能提高知识集约型业务作业的效率,使设计者能够专注于设计开发工作,从而领先竞争企业打造出具有附加价值的产品。

5.2 以PDM/PLM为中心的产品生命周期信息集成框架

5.2.1 产品生命周期信息集成

对企业而言,最理想的PLM系统要能帮助企业灵活运用面向市场推出合适产品的战略。这种PLM是以提高产品开发业务效率为目的的IT战略的信息基础。

作为信息基础,PLM对从产品开发到售后服务的产品生命周期进行全方位管理。其作用是在缩短产品开发周期的同时,在整个产品生命周期过程中,对设计信息备份措施进行统合管理,建立能正确传达必要信息的架构。

如图5-2所示,在设计过程中建立的信息数据会被生产技术部门当作工序设计的基本信息进行运用。另外,还会被加工成生产车间操作指南进行灵活运用,或是被用作服务部门的服务指导手册或使用说明书。所以在设计工序中,必须尽可能正确地建立产品制造的信息。

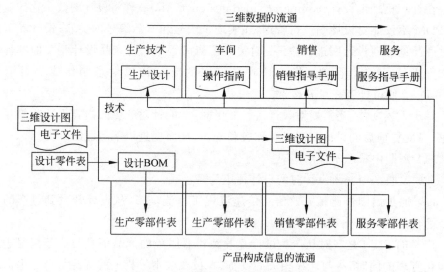

图 5-2　PLM系统中流通的设计信息

设计产品并非与质量管理部门和环境部门毫不相关,正如供应链管理与需求预测部门和制造计划部门精密相关一样,PLM系统中最重要的是制订包括设计部门、质量管理部门和环境部门情况在内的整体解决方案。在产品出现的不良问题中,高达80%都是由设计引起的,但是设计者掌握的产品全生命周期中不良问题的相关信息仍不能保证在后续工序中完全反馈给设计者。因此如何向采取对策的部门或工序正确传达不良问题产生的原因,成为能否实现在后续工序中向设计者进行反馈的关键。

如图 5-3 所示,通常情况下,"产生不良问题"和"采取对策"的部门或工序是分开的。因此,如何向对方正确传达不良问题产生的原因,就成了实现后续工序中向设计者进行充分反馈的关键。在重新审视设计环境时,如果能将设计工序的作用以"毫无遗漏地对定义产品时所需的必要信息进行定义,并传达给后序工程"这一V 模型的形式进行探讨,就可以找到系统化的投资要点。

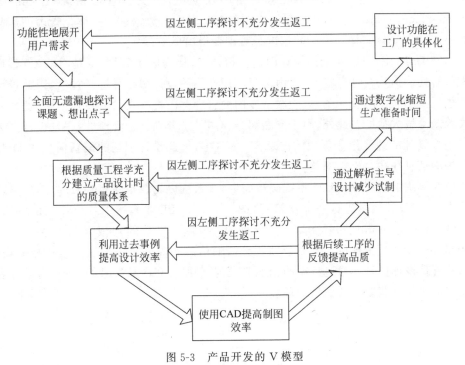

图 5-3 产品开发的 V 模型

在 V 模型中进行的各工序信息化提升可以是个别措施。例如,在供应链管理系统中包含销售部门的强化销售能力自动化(sales force automation,SFA)以及提高生产计划精度的需求预测强化,在 PLM 系统中对各工序进行信息化提升也必不可少。但是必须防止这种个别的系统化成为各自独立的信息孤岛。

如果将 PLM 看作一种信息战略,不应被 CAD 及模拟分析软件包等部分适用的解决方案吸引,而必须具有纵观全局的视角。从信息流的视角看,PLM 系统是作为连接各个信息孤岛的信息基盘而设计的。因此,构建 V 模型的数字信息流通路径是构建理想 PLM 系统的必要条件。

案例:汽车行业 V 模型开发详解

5.2.2　以 PDM 系统为中心的产品生命周期管理

以 PDM 为基础的 PLM 系统体系详细剖析

在设计现场,每天都会产生大量的设计成果,例如设计图、设计说明书、检查结果和步骤说明等,需要花费大量人力和时间进行严密管理。传统的管理方式通过纸质媒介进行,存在保存不便、检索性差、信息共享不便等问题。随着计算机技术的发展,设计成果也从纸质逐渐向电子数据转化,设计图的制作工具也从制图板向 CAD 制图软件进化和转变。

为了使这些电子化设计信息的使用效率更高,文档管理系统(document management system,DMS)应运而生。随着针对电子数据进行一体化管理的产品的出现,对 CAD 制作的电子数据进行管理变得简单易行。

在 DMS 中,可以对纸质设计图进行扫描,转换为电子数据,或是将 CAD 数据进行转换。但是在这种状态下,由于只能用产品的设计图图号进行检索,因此设计者想要找出所需的设计图,只能联系专门的管理部门进行索取,很难对设计业务的改善产生较大帮助。此外,由于产品编号和图号是分别进行管理的,并且设计图大多是在设计的最终作业阶段才被录入 DMS 中,因此设计现场的最新信息和 DMS 管理的信息往往会出现偏差。

为解决上述问题,PDM 系统应运而生,该系统以物料清单(BOM)为产品管理的中心,对设计信息进行一体化管理(图 5-4)。在 PDM 系统中,BOM 是由"品目主数据(parts number,P/N)"和"管理 P/N 亲子关系的构成管理信息(parts structure,P/S)"组成的。开发产品所必需的信息和成果全部与品目信息相关联,以此管理设计信息。通过数据的相互关联,明确图号和产品编号的关系,为设计者创造能够始终获取最新信息的环境。

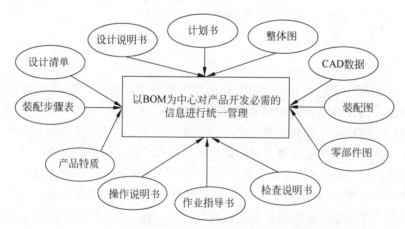

图 5-4　以 PDM 系统为中心的产品生命周期信息集成框架

PDM 管理的数据分为"元数据"和"批量数据",前者是管理数据库文本属性的主数据信息,后者是将 CAD 等图像信息以二进制文件的形式进行管理的主数据结构。PDM 对这两类数据分别进行管理。

由于在检索中,电子化设计图变成了一种叫作"栅格数据"的图像文件。为方便检索,PDM 将图像上的设计信息以元数据的形式作为数据库属性进行管理,将 CAD 建立的三维文件关联起来进行管理,设计者只需输入关键词就能找出所需的设计图。

为了将电子化零部件和设计图信息进行公开,实现信息共享,在 PDM 中设立了图片库共享区域,通常通过 Vault 产品数据管理(PDM)软件完成。设计部门正在讨论的信息也能够便捷地为后续工序部门提供参考,对产品开发的各个工序同时并行、实现设计作业的效率化、缩短设计时长起到了很大的作用。

目前,除了与产品设计相关的信息,与设计产品制造方法的工程设计相关的信息也能够实现一体化管理了,从而实现了从着手设计到开始量产的所有必要信息的管理。

以 PDM 系统为中心的产品生命周期信息集成目前在工业界的应用最多,涉及的行业种类包括汽车产业、高科技产业、工业机械产业等。

5.3　BOM 多视图与信息集成

PLM 管理的数据是以物料清单(BOM)为中心进行的。BOM 是产品构成材料及零部件信息的清单,是管理产品制造方法的信息单位。

BOM 多
视图维
护管理

BOM 也是设计者告知供应产品构件负责人及装配产品负责人"产品生产必需的零部件和材料"的信息来源。设计者将设计好的产品设计信息明文化,制成 BOM 进行管理,从而向与后续工序相关的众多人员同时传达设计内容,并能够及早进行采购等先期准备、讨论产品装配性、进行质量管控。

BOM 中信息的形式如下:物料清单的顶部设置为"成品"的主要数据,其下方依次由产品的"组装"及"组件",以及最后的"零部件"构成,通过定义各个零部件之间的从属关系管理产品的设计信息。

BOM 分为表型(图 5-5)和树型(图 5-6)两种表现形式。

表型 BOM 的优点是"一览性",在制作设计图的同时,以表格的形式追加记录设计图设计的零部件及组装零部件的相关信息,制成物料清单。最终,构成成品的所有零部件内容都被记录到清单上,表型 BOM 的物料清单即告完成。

表型 BOM 能够将构成成品的零部件一览无余地展示出来。由于只需要按照设计作业的顺序登记录入构成零部件的信息,因此制作非常简单。记录方式也很简单,只需要在设计图中记录零部件的形状和尺寸,再给该零部件加上"带圈"数字,在物料清单中与带圈数字对应的编号栏中记录设计图上无法表示的材质及重量、加工方法等零部件特性即可。

物 料 清 单（BOM）

| 产品名称： | | | 机型号码：APP01（U-BOX牌）CS240A | | 版本号：V0版 |

机型号码：APP01（U-BOX牌）CS240A	客户资料：Chung Young Digital		备注：
0: 3:	0: 3: 6: CE管制零件	9: RoHS管控	客户名称：	核准：
1: 4:	1: 4: 7: UL管制零件	10:REACH管控	客户品牌:U-BOX	复核：
2: 5:	2: 5: 8: FCC管制零件		客户型号：APP01	
	注："▲"表示仅管制规格，"●"表示管制厂商，"★"表示RoHS管控，"◆"表示REACH管控			制表：赖财英2011年3月25日

NO·	阶层	种类	料 号	品 名 规 格	用量比											单位	设变日期/编号	使用位置/共用机种	供应商
					0	1	2	3	4	5	6	7	8	9	10				
18	3	312	312-0240000	CS-240镜片（透明）PMMA注塑成型浅茶色	1									★		PCS			
19	2	309	309-0240110	CS-240调光键（奇美ABS757 直接注塑成型黑色）	1									★		PCS			
20	2	308	308-0240120	CS-240 固定片（奇美ABS757 直接注塑成型黑色）	2									★		PCS			
21	2	242	242-CS24000	PVC透明镜片CS240-42.7mm*25.7mm*1mm,反面备3M胶	1									★		PCS			
22	2	411	411-0150300	EVA脚垫Φ15mm*3mm黑色单面备胶	2									★		PCS			
23	2	411	411-9136B00	3M橡胶脚垫30.5mm*6mm*1mm(AD-9136B)	2									★		PCS			
24	2	201	201-2205230	自攻螺丝BA2.2*5 黑锌	4									★		PCS		锁主板	
25	2	201	201-0308210	自攻螺丝PA3mm*8mm黑锌	6									★		PCS		锁前后壳	
26	2	201	201-2606220	自攻螺丝KA2.6*6mm黑锌	2									★		PCS		锁固定片	
27	2	221	221-1M52200	单支线1.5M*22#颜色选配FM天线（自行加工）600米/卷	1									★		PCS		焊功放板 ANT	
28	2	222	222-1802600	彩色排线2P*180mm*2.0间距*#26颜色选配	1									★		PCS		喇叭至OUT_L	
29	2	222	222-2302600	彩色排线2P*230mm*2.0间距*#26颜色选配	1									★		PCS		喇叭至OUT_R	
30	2	222	222-1802200	彩色排线2P*180mm24#颜色选配	1									★		PCS		CN8供电处至CON8供电处	
31	2	236	236-0024020	U型背光板CS240白色129mm*129mm	1									★		PCS		连接IPOD插座板	
32	2	412	412-4022510	EVA垫40mm*22mm*0.5mm双面备3M胶（9448）	1									★		PCS		背光板下	
33	2	412	412-1410500	EVA垫14mm*10mm*10mm单面备普通胶	2									★		PCS		过线口密封用	
34	2	412	412-1410510	EVA垫14mm*10mm*1mm单面备普通胶	3									★		PCS		过线口密封用	

图 5-5 表型 BOM 示例

表型 BOM 的缺点是如果记录所有零部件信息，则会使表格信息量过大，导致零部件信息查找困难。另外，由于是表格形式，因此能容纳的信息有限。在进行零部件统一和调整时，表格的再编辑费时费力。

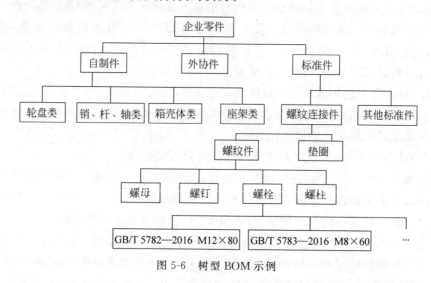

图 5-6 树型 BOM 示例

树型 BOM 的优点是根据产品的装配顺序将零部件层级化，从成品的一级装配到构成基层的子零部件都能够进行层级化管理。因此，可以只挑选出组装必需的构成内容,不必要的信息不显示,使展示内容更加简单。

树型 BOM 的缺点是改变组装零部件及层级构造的位置非常麻烦。此外,如果是层级较多的物料清单,即使只需要了解必要的局部装配组件层级,也必须从最上方开始展开,层次构造信息的编辑和加工比较复杂。为使 BOM 层级构成中的零部件位置更易把握,很多 PLM 都采用树型 BOM。

管理 BOM 产品构成的方法除了表型和树型,还有矩阵型 BOM(如图 5-7 所示)。所谓矩阵型 BOM,就是纵轴定义为产品群,横轴定义为零部件及配置、发货等,将产品在标准构成方面的变化制作成一览表的 BOM。

例如,一种类型的汽车,其构成基本相同,但由于发动机输出功率的差异,会出现若干种变化。发动机动力不同,为了加固和隔音就必须追加构件。此外,每款车对安全气囊和车载导航等配置选项的"标配/选配"处理也不同。

按发货地区分的零部件表

级别	安全气囊	ABS	立体音响	空调	车载导航
1000 cc	X	X	1	1	1
1500 cc	2	X	1	1	1
1700 cc	2	4	1	2	1
2000 cc	4	4	1	2	1

注:表内数字表示使用的零部件数量。

详细零部件清单

编号	工序	零部件名称	材质	数量	质量	备注
1	工号1	主体	SS400	1	400 g	
2	工号2	上盖	SS400	1	400 g	
3	工号3	螺丝	SUS	2	10 g	M25 * 3160
4	工号4	金属板	SECC	1	20 g	

图 5-7 矩阵型 BOM 示例

即使是基本构成一致的产品,由于销售的发货地和销售形态不同,产品使用的零部件也会有差异。在此种情况下,矩阵型 BOM 能够将使用的零部件一览无余地展现,与其他模型之间进行也变得比较容易,可以轻松确认零部件的共通程度,因此矩阵型 BOM 还能被应用于零部件的标准化。

BOM 的表现形式有多种类型,但这不是因为构成产品的内容发生了变化,而是由于产品构成管理方式有所不同。在 PLM 系统中被一体化管理的零部件构成只有一种,但根据使用者目的将各类物料清单表现形式进行区别使用,能够将必要信息的使用以更简明的形式提供给使用者,从而令使用者准确无误地解读复杂的产品构成,构建对生产制造有所帮助的架构。在现实应用中,有时也出现了兼具不同表现形式的混合型物料清单[2]。

BOM 的主数据 P/S 与 P/N 具有从属关系,对信息进行分层级管理,建成即使变更很少也能正确更新信息的体系。图 5-8 中,母零件 P001 使用子零件 P002,但为增加母零件 P001 的强度,使用了 2 个子零件。提高了强度后的 P001 按照 2022年 6 月 30 日的版本投产。

P/N 是管理每一个零部件信息的主数据,虽然 BOM 也具有"组装"及"装配"

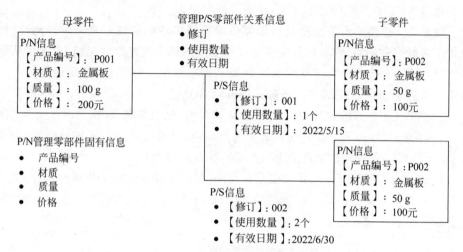

图 5-8　P/N 与 P/S 两种主数据

的总分关系,但基本上是以该部位零部件信息的产品编号为关键词进行管理的主数据。在 P/N 上登记的属性会因企业不同而有所不同,但主要信息还是以下列项目为属性进行管理。

（1）品种相关的一般管理信息,包括产品编号、产品名称、材质、数量。

（2）管理品目信息,包括质量、长度、数量等数值和单位。

（3）与设计图信息及成本、采购、生产等相关的管理信息。

（4）由于管理设计变更导致的以历史记录变化为目的的相关信息,包括校订、版本、有效日期、失效日期。

另外,表示零部件必要数量的"数额"等也在 P/N 中被管理,相同零件用到不同部位或不同个数时,为避免产品构成的表示过于复杂,有时也会作为 P/S 的零部件构成信息进行管理。

登记在 P/S 中的属性,除了母属性 P/N 的产品编号及随后的子属性 P/N 的产品编号外,还有以构成展开为目的的标志及管理信息。所谓以构成展开为目的的标志及管理信息,是指具有内、外制区别及设计变更的有效日期,构成展开时能够只展开必要信息。使用这些管理信息,下层的 P/N 即使相互管理在一起,也能只显示必要的信息。拥有了构成展开的控制信息,就能仅参阅必要信息,从而轻松实现只显示最新信息,或全部显示历史记录等功能。此外,在 P/S 中收录数额信息等,能够以较少的 P/N 数展示 BOM。

PLM 以 BOM 为中心,以产品为单位进行信息管理。BOM 中的信息最初是利用计划图或组装图中的产品整体构成信息,组建临时的 BOM。然后添加包含各个零部件图的零部件构成信息,形成最终版本的 BOM,完成 BOM 构成。

BOM 中不仅记录 P/N 及 P/S 信息,还记录设计图信息(如 CAD 数据)及材料表、装配说明书、作业顺序表等与品目信息相关联的信息,对与产品设计相关的所有必要信息进行一体化管理。

　　设计者虽然将生产产品的所有必要信息都留存在了 PLM 中,但在生产制造的各个工作现场,没有必要参照设计者留存的全部信息,只需参照自身的作业信息即可(见表 5-1)。为此 PLM 中设置了按不同目的展开 BOM 的视图功能。

表 5-1　BOM 的使用目的

部　　门	使　用　目　的
产品设计	传递产品必需的零部件信息
工序设计	设计产品的装配顺序
生产管理	进行零部件所需数量的展开,建立生产计划
采购	讨论进货单价及方式、前置时间
库存管理	讨论基准库存及补充量
生产车间	装配顺序的标准化和工序、生产线的设计及使用
物流	物流单位的选择,包装及包装材料的选择及使用
销售	销售选项的管理及交货期的把控
售后服务	按照客户进行选项管理及备件管理
设备保养	对保养零部件进行供应、保养历史的管理
会计	制造成本的把控

　　使用视图功能对产品信息进行管理,能够将一体化管理的零部件构成信息根据各部门的目的,仅显示必要信息,灵活运用。按目的可将 BOM 划分为设计BOM、生产物料清单、销售物料清单、补给物料清单等[3]。

　　设计物料清单包含生产制造必需的全部产品信息,主要由设计部门使用。在设计物料清单中,将根据计划图及装配图、零部件图设计出来的全部装配信息都作为品目主数据登记录入系统,形成物料清单。

　　生产物料清单是在用物料需求计划等建立生产所需数量的供应计划时使用的,主要由生产管理部门使用。生产物料清单中除了含有设计物料清单建立的构成信息外,还有赋予生产制造的工序信息,计算在哪步工序中、在什么时间、需要几个零部件等内容。

　　销售物料清单主要由销售部门使用。在销售产品时,为了满足多样化的顾客需求,需要从数量众多的选项组合中选出最佳产品构成方案,需要使用配置管理功能,导出能够组合的产品构成及选项组合。在使用配置管理功能时,需要输入除产品编号及产品名称以外的其他功能及信息,检索符合条件的构成,列出清单。

　　补给物料清单为产品售后服务,主要由保养及服务部门使用。由于补给零件并不是一直都有需求,交货方法及包装方法有时也会有所差别,所以必须与量产产品的物料清单区分管理。

5.4 PDM/PLM 系统与其他系统的集成

ERP 与
PLM 之间
的深层次
关系

构建 PDM/PLM 系统时,必须考虑其与包含生产管理系统的 ERP 系统之间的集成与协作。

企业的所有资源可以被归纳为三大流:物流、资金流和信息流。ERP 系统是对这三大流进行全面集成管理的信息系统。ERP 系统是建立在信息技术基础上,利用现代企业的先进管理理念,全面集成企业的所有资源信息,为企业提供决策、计划、控制与经营业绩评估的全方位和系统优化的管理平台[4]。

ERP 系统的品目中需要有零部件和原料的采购信息,生产计划所需要的制造前置时间、库存信息和标准成本等作为必要信息。

在 PLM 系统中,需要登记录入品目主数据,以设计物料清单的形式构建物料清单。在设计完成后的出图阶段,不论是品目主数据还是物料清单,都要完成必要的信息登记录入。另外,在 PLM 系统中登记录入的物料清单,作为设计时讨论的产品设计,只具备必要的零部件及材料构成,而没有生产计划必需的供应商及物流交付前置时间、库存数量、采购单价等信息。

因此,就会出现即使 PLM 系统中有品目主数据和物料清单,也无法在 ERP 系统中直接使用的问题。如果能在 PLM 和 ERP 系统中进行同样的品目数据和物料清单管理,将设计部门登记录入的品目主数据及物料清单信息与 ERP 系统进行集成共享,将具有很多好处。例如,在消除重复录入主数据的同时,还能减少因数据再录入而导致的错误,并有利于设计变更信息的迅速传递。

PLM 与 ERP 协作的集成系统,存在以下两种类型的系统体系结构。

类型一:在 PLM 系统中输入 ERP 系统所要求的采购及生产相关信息,将系统的主数据在 PLM 系统中进行一体化管理。

该体系结构的优点是:由于将包含在 PLM 系统中的品目及设计和生产物料清单、工序信息等主数据在全企业范围内进行一体化管理,因此采购信息及生产相关主数据的登记录入也在 PLM 系统中进行。对于 PLM、ERP 系统相关联的场合,可以从 PLM 系统中直接关联相关数据,关联系统的逻辑结构比较简单。

该体系结构的缺点是:由于必须在 PLM 系统方面改善采购及生产相关主数据的输入条件,会导致 PLM 系统的开发量激增。

类型二:在 PLM 系统中仅输入产品设计的相关信息,采购及生产的相关信息则在 ERP 系统中追加输入。

该体系结构的优点是:在 PLM 系统中只输入品目主数据及设计物料清单的基本信息,在 ERP 系统中追加输入 ERP 系统必需的采购及生产信息,因此 PLM 和 ERP 两个系统都被限制在按客户要求定制的范围内。

该体系结构的缺点是:协作逻辑变得复杂,特别是在与设计变更等数据进行协作的时候,PLM 系统中进行了变更的物料清单构成如何反映在 ERP 系统中成为难点。如果不能准确定义这一逻辑,就无法实现良好的信息协助。

由此可见,两类系统体系结构各有利弊。PLM 与 ERP 系统的集成协作方式是选择通过 PLM 系统输入所有主数据,还是由 PLM 和 ERP 系统分摊输入,必须考虑业务处理步骤和周边系统环境,选择符合企业自身要求的体系架构。多数情况下,设计变更信息的关联逻辑比较简单,因此通过 PLM 系统输入所有主数据与其他系统进行集成关联的应用比较常见。

5.5 PDM/PLM 系统信息集成案例

为强化产品开发能力,大型办公器械生产厂商 A 公司先于其他公司开展了三维 CAD 软件的导入。但导入后,生产制造阶段之前发现的不良问题依然频发,进入量产阶段后,返工的情况也屡屡发生。导致量产的初期阶段无法按照日程进行生产,造成了严重问题。

在调查日程延迟的原因之后,该公司发现了以下问题。

(1) 设计部门的信息无法顺畅地提供给生产部门,导致设计意图无法充分传达,一旦开始生产制造就会出现问题。

(2) 设计日程延迟造成的影响波及了生产技术日程,生产技术设计无法确保充足的时间。

(3) 反映生产方面必要条件的机会仅存在于设计评论场合,而且多在设计日程的后半段进行,因此无法在产品设计中充分反映生产制造的便利性等问题。

(4) 在设计部门导入了三维 CAD,实现了信息共享,但充其量也仅限于设计部门内部。

(5) 三维 CAD 将产品及零部件的形状建成了立体模型,成功做出了简单易懂的设计图。但是三维 CAD 与二维设计图不同,在生产现场的制造过程中必须的公差及尺寸信息仅靠三维模型的信息是不充分的,生产开始后的返工完全没有减少。

要想解决上述问题,在将设计意图正确传达给生产现场的同时,不能仅以设计者的视角完成产品设计,还要听取生产方面的意见,做出容易生产制造的产品设计。因此,需要较早向后续工序公开设计信息,根据生产部门、采购部门及质量部门的反馈,构建能够设计出低成本、生产简便且高质量产品的环境。为此需要解决下列问题。

1. 实现产品、零部件编号和设计图等各种设计信息的一体化管理

为了实现设计信息的一体化管理,重新定义了设计物料清单,将构成物料清单的零部件产品编号与以设计图为代表的各种设计信息相关联,构建使用户可以方便、准确检索最新设计信息的环境。后续工序也可以简单、准确地查找出最新设计图及装配指示书等设计文件。

另外,区别于生产物料清单,重新定义设计物料清单能够在不考虑生产管理的情况下,由设计部门自由地构建物料清单,同时正确留存设计变更的历史记录。将生产和设计物料清单分开使用,不会对当前生产的产品计划造成影响,设计部门也能够开展设计工作,将成果录入 PLM 系统,将设计变更的历史记录及时准确地留存下来。

2. 构建及早向后续工序公开设计信息的环境

A 公司虽然已经导入了三维 CAD 环境,但要想将 CAD 信息向后续工序公开,使相关负责人检索到设计信息,必须导入相同的 CAD 软件。但是后续工序的三维 CAD 导入从成本上看并不现实,因此需要一种能使后续工序负责人简单轻松检索到设计信息的体系架构。

为了使后续工序负责人看到三维 CAD 信息,需要将 CAD 数据转换为 TIFF 及 CGM 等图片格式来公布信息,但是产品编号及图号没有进行统一管理,因此很多情况下公布的信息并不是最新信息。由于后续工序中直接使用了旧信息开展作业内容,导致返工的情况频频发生。

导入 PLM 系统,能够用设计物料清单对设计信息进行一体化管理。同时,通过 PLM 系统的权限管理,可以使后续工序也能简单轻松地检索到最新信息。具体而言,就是根据设计的进展状况定义图片库共享区域,并对其中登记的信息构建仅允许被授予权限的主要后续工序负责人才能自由检索的环境。产品设计者只需要将设计的进展情况作为主数据信息登记录入,将 CAD 数据及文档等成果一起录入图片库共享区域,后续工序负责人就能够检索到各种信息了。从而使得后续工序不必考虑设计的进展,必要时只在 Vault 上自由检索,就能得到最新信息。

为了使后续工序负责人能够参看 CAD 数据,在将图片库共享区域中登记的 CAD 数据自动转换为指定图片格式的基础上,会将之与设计图相关联,因此没有安装使用 CAD 软件的后续工序部门也能够轻松确认三维模型。这样在确认最终设计方案前能够得到后续工序的反馈,在产品设计中充分考虑了生产制造阶段可能遇到的问题。

3. 构建及早、正确地将变更信息传达给后续工序的工作流

即使产品开始量产,也不意味着产品设计的结束。后续还会面临并应对生产中及交货后发生的不良问题,更改设计内容以实现质量提高、成本降低等目标。能够将这些变更信息及早、正确地传达给后续工序,使生产现场准确无误地持续进行生产的体系架构也是必不可少的。

因此,要使用 PLM 系统的设计变更主数据,在管理设计变更时间的同时,使用工作流提高信息传达的速度。使用设计变更主数据管理体系架构生效的日期,不仅不会对当前生产计划造成影响,同时管理设计变更历史记录,还能轻松得知以往的应对经历等。在设计变更的信息传达方面使用工作流,能够在节省纸质传阅时间和精力的同时,成功构建向必要人员自动提供必要信息的环境。

习题

1. 狭义和广义的产品生命周期管理系统的定义是什么？
2. 如何理解产品开发的 V 模型？
3. 表型和树型 BOM 分别有哪些优缺点？
4. BOM 中的"P/N"和"P/S"两种主数据的内容分别是什么？
5. PLM 和 ERP 的协作集成系统存在哪些体系结构？如何进行选择？

参考文献

［1］ 久次昌彦.PLM 产品生命周期管理［M］.北京：东方出版社,2017.
［2］ 蒋炜,李四杰,黄文坡,等.物联网大数据与产品全生命周期质量管理［M］.北京：科学出版社,2021.
［3］ 陈明,梁乃明.智能制造之路：数字化工厂［M］.北京：机械工业出版社,2017.
［4］ 罗鸿.ERP 原理设计实施［M］.5 版.北京：电子工业出版社,2020.

第6章

企业内部的纵向信息集成

制造企业数字化架构的纵向层级划分依据为组织方式和功能结构,纵向信息集成至关重要,关系到大量传感器采集到的数据如何自下而上逐步汇总为管理层感兴趣的信息,也关系到管理层决策如何自上而下逐步落实为控制指令指挥设备工作。既连接上层管理运营系统又连接下层生产控制系统的 MES/MOM 由于其"承上启下"的定位,在纵向信息集成中扮演着重要角色,只有通过 MES/MOM 将上下层级数据链路全部打通,制造企业的数智化之路才能真正步入正轨。

6.1 企业内部的纵向集成框架

制造企业的数字化架构,首先根据其组织方式进行分级[1]。

(1) H1 级(工厂级):包括大、中、小型生产工厂或生产基地的数字化系统。

(2) H2(公司级):包括区域级公司、跨厂级联合公司、大型联合生产基地等的数字化系统。

(3) H3(集团级):包括集团的数字化系统。

单一工厂的小型企业仅包含 H1 级,其他中大型企业可能采用 H1+H2、H1+H3、H1+H2+H3 等分级架构。

一个典型的 H1 级数字化架构,可根据其功能结构进一步分为 5 层(如图 6-1 所示)。

(1) L1(设备层):数智化生产系统的基础技术底层,包括自动化生产设备、自动化物流设备、传感器/表计及设备的数智化配套等。

(2) L2(过程控制层):基于生产工艺知识和工业控制技术,将 L1 设备层的独立设备和装置整合为能够实现各工序/工步生产或物流操作过程控制的软硬件系统,主要包括过程自动化、数据采集与监控两大方面功能,过程控制层的具体技术实现也与具体采用的控制方法和体系相关。

(3) L3(制造执行层):针对生产和物流运营执行过程,提供监控、预警、决策等功能的数字化系统,包括制造执行系统(manufacturing execution systems, MES)、高级计划排程（advanced planning and scheduling，APS）、物流管理系统（logistics management systems，LMS）、质量管理系统（quality management systems，QMS）、设备管理系统（enterprise asset management，EAM）、能源管理系统（energy management systems，EMS）等，从运营层对人、机、料、法、环等制造资源进行配置优化和效率提升。L3 层需要整合多个系统与模块，实现协同执行，以满足业务流程的集中管控要求，并最终在生产现场场景中实现一键智能操作。

（4）L4（经营管理层）：提供战略、财务、研发、供应链等管理领域的数字化系统，包括企业资源计划（enterprise resource planning，ERP）、产品生命周期管理（product lifecycle management，PLM）、客户关系管理（customer relationship management，CRM）、供应商关系管理（supplier relationship management，SRM）、办公自动化（office automation，OA）等。一方面需要自上而下地贯彻决策层制定的方针、政策，另一方面需要自下而上地组织、管理及协同企业日常工作，在 L3 层运营管理基础上进行计划、管控和核算，L4 层是企业精细化管理的指挥中枢。

（5）L5（战略决策层）：通过智能控制塔和商业智能（business in telligence，BI）等技术，进行宏观业绩管理和综合管控。

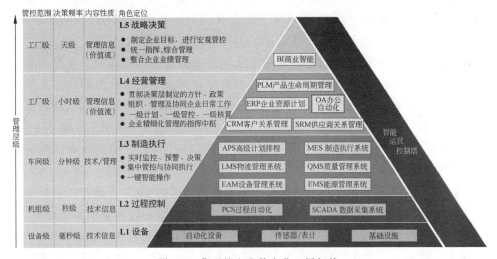

图 6-1　典型的企业数字化 5 层架构

H2 级数字化架构通常包含 L3 制造执行层、L4 经营管理层和 L5 战略决策层 3 层，其结构与功能类似但又不同于 H1 级的相应 3 层，服务于 H2 级的管理视角。H3 级数字化架构通常也包含 L3、L4 和 L5 3 层，其结构与功能同样类似但又不同于 H1 级和 H2 级的相应 3 层，服务于 H3 级的管理视角。

数字化架构的纵向集成，不仅要实现某级系统各层之间（例如 H1 级的 L1 至 L5 层之间）的信息贯通，也要实现各级系统相应层之间（例如 H1、H2 和 H3 级的 3 个 L4 层之间）的信息贯通。纵向信息集成应满足以下条件。

（1）下层数据按要求及时、准确上传。

（2）上层数据能够及时、准确下发。

（3）统一采用标准接口，满足性能要求，具有可扩展性。

（4）保证集成数据的标准性、安全性、可靠性和兼容性。

6.2 MES/MOM 在纵向集成中的地位

6.2.1 从 MES 到 MOM

L3 制造执行层在纵向信息集成中发挥着极其关键的作用，既在 L1 至 L5 层之间承上启下，又贯通了 H1 至 H3 级。

L3 制造执行层的核心是 MES/MOM。MES 即制造执行系统，是制造企业负责执行层生产管理的数字化系统。MOM 即制造运营管理，某种意义上可视为 MES 的升级版平台，在 MES 基础上整合高级计划排程（APS）、仓储/物流管理系统（WMS 或 LMS）、质量管理系统（QMS）、设备管理系统（EAM）、能源管理系统（EMS）等一系列系统，形成一套覆盖制造企业生产运营全过程的完整解决方案。MOM 实际涵盖了 L3 层的各个系统，而 MES 是其中一个系统。

MES 概念于 1992 年首次提出，位于上层计划管理系统与底层工业控制系统之间，是解决企业车间现场生产管控问题的数字化系统。制造企业解决方案协会（Manufacturing Enterprise Solutions Association，MESA）自 1997 年起，迭代发布了多个版本的 MES 功能模型。ISA 协会 2000 年起陆续发布 MES 标准 ISA 95，由 Siemens、GE、Rockwell、SAP 等知名厂商参与制定，ISA 95 随后成为国际标准 IEC/ISO 62264，共分为 5 个部分[2]。

MES 功能模型和国际标准的制定使早期各自为战的 MES 厂商开始采用统一的功能定义、数据模型、业务流程、集成接口等。随着标准制定和案例实施的推进，专家们意识到，相对于只交付 MES 生产管控功能，同时交付包含 MES 在内的一系列相互协同的生产运营数字化系统往往能够带给企业更大的业务价值，管理者能够通过生产、物流、质量、设备、能源等运营主线的数字化实现对企业的全流程精准管控。为了与传统 MES 区分开，MOM 概念因此被提出，即通过协调管理企业的人员、设备、物料和能源等资源，将原材料或零件转化为产品的活动，在原有 MES 生产管控功能基础上衍生出更全面、更专业、更智能的计划排程、物流管控、质量管控、设备管控、能源管控等功能。

业界逐渐开始使用"MES/MOM"的组合名词统一表示 MES、MOM 或其他衍生出的生产运营数字化系统。

6.2.2　MES/MOM 在数字化企业中的定位

MES/MOM 是连接下层生产控制系统与上层管理运营系统的"信息枢纽",其中 MES/MOM 是纵向集成结构的 L3 层,其下层生产控制系统包括设备、机器人、传感器等生产设备,以及 PLC、SCADA、DCS 等工业自动化控制系统,即 L1 和 L2层,上层管理运营系统包括 ERP、PLM、CRM、SCM、BI 等数字化系统,即 L4 和 L5层。MES/MOM 一方面管理"人—机—料—法—环"及其生产能力,从上层接收生产计划,安排生产并分配资源,向生产控制系统下发生产指令,确保生产按计划执行;另一方面从生产现场实时采集并处理生产数据,监控生产状态与生产异常,分析生产绩效并向上反馈至管理运营系统。整体架构可参考 MESA 的战略计划模型(如图 6-2 所示)。

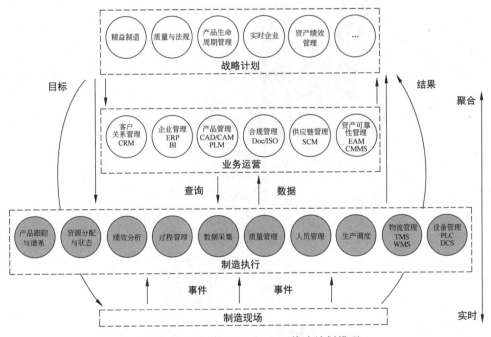

图 6-2　MESA 的 MES/MOM 战略计划模型

数字化企业的整体架构可从三个维度(如图 6-3 所示)来解构。

第一维:企业流程,覆盖从生产到业务的企业管理全流程,包括物联集成、制造执行、生产运营、计划排程、业务管理等环节,核心支撑系统依次为 PLC/SCADA、MES/MOM、ERP 等,企业流程维度与纵向集成分层结构和 MESA 的模型分层结构基本相似。

第二维:价值链,覆盖从供应商到客户的供需价值链全过程,包括供应商管理、采购管理、物料管理、生产运营、仓库管理、发货管理、销售管理、客户管理等环节,

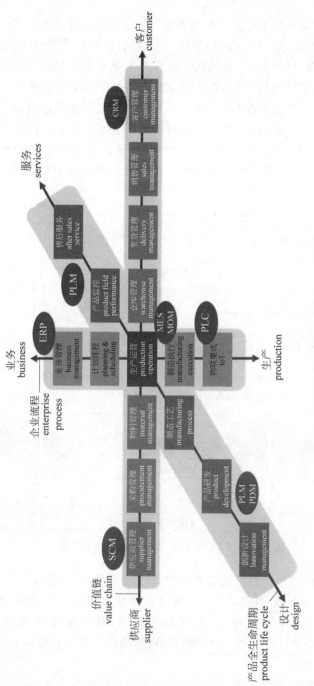

图 6-3 数字化企业整体架构的三个维度

核心支撑系统依次为 SCM、MES/MOM、CRM 等。

第三维：产品全生命周期，覆盖从产品设计诞生到服务报废全过程，包括创新设计、产品研发、制造工艺、生产运营、产品监控、售后服务等环节，核心支撑系统依次为研发 PLM、MES/MOM、运维 PLM/MRO 等。

MES/MOM 在企业数字化架构中呈现出以下特点。

（1）MES/MOM 与其他大多数数字化系统都需要进行数据集成，在企业各种数字化架构中通常属于中间层。

（2）MES/MOM 负责管理小时级、分钟级的数据，一方面需要获取下层秒级、毫秒级的数据，另一方面向上层提供数据，以计算或分析天级以上的数据，在企业各种维度的数据流中大多位于中部。

（3）制造企业的物料流、人员流和资金流的精细化管理，都需要 MES/MOM 功能与数据的深度支持。

（4）MES/MOM 与其他数字化系统在部分功能上存在相关性或相似性，甚至功能重叠。

综上，MES/MOM 是数字化企业架构的"信息枢纽"，在企业纵向信息集成中负责"承上启下"。数字化的本质是数据的自动流动，即要求连通所有数据孤岛，MES/MOM 与几乎所有数字化系统连接，在负责生产运营整体管控的同时，还扮演着"核心交换机"的关键角色。具备一定数字化程度的企业实施 MES/MOM 时，主要难点往往不是实现 MES/MOM 内部功能，而是打通企业整体数据流。

6.2.3　MES/MOM 的技术架构演进

随着工业控制技术、数据通信技术、软件开发技术、数据智能技术等的快速发展，MES/MOM 的技术架构也在不断演进。

早期的 MES/MOM 系统多基于 C/S 结构和组件技术构建，其中 C/S 结构是指客户端/服务器结构，需要在使用 MES/MOM 的计算机上安装客户端软件。当时主流工业控制软件都基于 Windows 平台开发，因此微软技术栈中主流的 C/S 结构和组件技术被广泛用于开发 MES/MOM 系统。该技术架构能够较好地支持制造企业对 MES/MOM 的功能性需求，但在组件复用、跨平台、跨网络、客户端版本管理与兼容、授权成本等方面存在不足。

之后，B/S 结构（浏览器/服务器结构）逐渐成为 MES/MOM 系统的主要技术架构。基于 B/S 结构的技术架构不再绑定微软技术栈，兼容更多编程语言，支持更多操作系统，同时克服了传统 C/S 结构中网络和客户端管理的诸多问题。技术架构通常分为表示层、逻辑层和数据层三层，分别对应用户界面、业务逻辑和数据处理三部分，系统分层结构清晰，并支持灵活部署。B/S 结构早期存在的通信性能、通信安全等问题，随着服务器性能和互联网技术的快速发展而迅速消失。

SOA 架构被用于构建 MES/MOM 平台，其本质是通过提供一套支持服务复用的技术框架,实现 MES/MOM 功能模块的服务化,生产资源数据和流程、生产运营知识和规则、生产智能模型和算法等内容都被抽象封装为服务,服务之间具有松耦合、粗粒度、位置和传输协议透明的特性,对服务进行组合和编排可实现复杂的业务逻辑,从而极大加快 MES/MOM 的构建和重构速度。SOA 架构的主要技术为 Web 服务,可采用 ESB、SOAP、WSDL 等标准协议实现,SOA 架构同时支持 B/S 结构和 C/S 结构。

传统 SOA 架构的开发模式为分层设计、统一开发、逐层实现,服务或接口只要有一个未完成,整个系统就可能无法正常运行。微服务架构作为去中心化的 SOA 架构变体,去除 ESB 等中心化技术,强调服务的松散耦合、独立部署、轻量级接口和协议等特性,成为新一代 MES/MOM 平台的主流技术架构。

同时,MES/MOM 的技术架构也在不断融合智能技术。零代码和低代码技术的目标是最大限度减少人工编码,未来的 MES/MOM 平台将允许业务人员通过拖拽和配置等方式实现 MES/MOM 功能的定制。数字孪生技术的 3D 可视化、AR 互动、模拟仿真等特性将提升 MES/MOM 在管控模式、异常响应、决策评估等场景中的体验。区块链技术的数据存证、智能合约等特性将提升 MES/MOM 的可信性和可溯性能力。

6.3 MES/MOM 与底层控制系统的信息集成

MES/MOM 与底层控制系统的信息集成,自下而上获取现场实时数据,自上而下发送控制指令、参数等。底层控制系统可能提供统一的集成节点,与 MES/MOM 直接连接集成;也可能存在多个节点,需要 MES/MOM 分别连接集成并在系统中进行统一管理。

底层控制系统往往追求系统的可靠性与稳定性,系统升级十分谨慎,这使得 MES/MOM 在集成时可能需要应对不同时代、不同平台、不同标准的数据连接技术,包含大量定制的连接、读写、处理、监控逻辑。因此成熟的 MES/MOM 往往将该部分程序独立封装,例如封装独立微服务,通过标准接口为 MES/MOM 的其他模块提供与底层控制系统进行数据通信的机制。

6.3.1 MES/MOM 与底层控制系统的连接技术

MES/MOM 针对不同的底层控制系统数据、接口或架构,采取不同的连接方案。

(1) SCADA、DCS 等 L2 层控制系统:MES/MOM 与 L2 层过程控制系统通过以太网连接,根据过程控制系统提供的接口,如 OPC UA、RESTful API、消息队列、数据库、FTP、SDK 等技术进行访问,实时数据多采用推式订阅模式,历史数据多采用拉式请求模式。

　　(2) DNC、MDC 等机床控制系统：MES/MOM 与机床控制系统通过以太网连接,根据机床控制系统提供的接口,如 OPC UA、RESTful API、消息队列、数据库、FTP、SDK 等技术进行访问,实时数据多采用推式订阅模式,历史数据多采用拉式请求模式。

　　(3) OPC UA 网关、物联网网关等数据网关：MES/MOM 与 OPC UA 网关、物联网网关通过以太网连接,根据网关系统提供的接口技术进行订阅、读、写等数据操作。

　　(4) 上位机服务器：部署上位机可将不同品牌、不同协议的 PLC、采集卡、串口等数据统一转换,MES/MOM 与上位机服务器通过以太网连接,并根据上位机软件提供的接口进行数据操作,常使用 RESTful API、消息队列、数据库、Socket 等技术,部分高速采集卡由于采集频率过高,需要采用 LabView 等专业开发环境或专业定制模块。

　　(5) 移动终端：移动终端通过无线技术和以太网连接至 MES/MOM,移动终端可通过程序调用 MES/MOM 的 RESTful API 等数据接口进行数据推送,也可通过程序订阅 MES/MOM 的指令进行接收执行。

　　(6) 条码、RFID 等扫描终端采集：条码、RFID 等扫描终端通过无线技术和以太网连接至 MES/MOM,扫描终端可通过程序调用 MES/MOM 的 RESTful API 等数据接口进行数据推送,部分扫描终端以 USB、串口等方式连接至 PC,可通过 MES/MOM 用户界面扫描自动录入并提交数据,也可通过程序订阅 MES/MOM 的指令进行接收执行。

　　其中,MES/MOM 和底层控制系统通过数据库进行信息集成,是多种连接方案都可能采用的技术,在实时性要求不高的场景中被广泛使用。从趋势上看,OPC UA 正成为 MES/MOM 与底层控制系统进行信息集成的主流技术。

6.3.2　MES/MOM 与底层控制系统的数据技术

　　MES/MOM 从底层控制系统获取的数据大多数是时序数据,即每一条数据代表某个感知设备在某个时间戳上产生的一个物理量,例如设备运行时控制系统的实时监测数据。当时序数据规模较小时,多采用关系数据库进行存储,每一条时序数据对应关系数据库表中的一行。

　　随着时序数据规模的扩大,需要部署实时数据库(例如 PI 等)或时序数据库(如 InfluxDB、TDEngine 等),与关系数据库相比,实时/时序数据库的实时读写能力提升了数十倍以上,压缩后的存储空间可降至 1/10 或更小。实时数据库和时序数据库解决的是同一类数据问题。实时数据库出现更早,是 SCADA、DCS 等 L2 层控制系统经常采用的数据技术,集成了大量工业协议接口；时序数据库可视为实时数据库的轻量化升级版,2017 年随着工业物联网的普及、全面发展和迅速成熟,开源模式、免费版本、标准接口、云原生等优势使其快速占领市场,时序数据库可与控制系统、工业协议等解耦,只是纯粹的数据库,在系统集成时更灵活。当然,实时数据库和时序数据库都在飞速发展,也在相互借鉴和相互融合。

MES/MOM 还需从底层控制系统获取工艺参数、NC 文件等数据。其中结构化数据采用关系数据库进行管理,由于底层控制系统大量采用微软技术栈,因此 MES/MOM 在底层数据集成时常用 Microsoft SQL Server。文件数据则采用 FTP/SFTP 或 MongoDB、HDFS 等文件数据库进行管理。

当 MES/MOM 从底层控制系统获取原始数据后,往往需要对数据进行清洗、处理、聚合、计算等操作,可采取两类数据集成技术。

(1) 离线批量:采用数据抽取、转换和加载(extract-transform-load,ETL)技术实现从底层控制系统定时、定规则自动拉取数据计算,并将结果发送至 MES/MOM 数据库,其中 ETL 技术可采用 Kettle、Informatica、DataStage、SSIS 等传统 ETL 工具,也可采用 Hadoop MapReduce、Spark、Flink 等批(Batch)计算引擎。

(2) 实时流式:采用 Flink、Spark 等流(Stream)计算引擎和 Kafka、Flume 等流式数据处理工具,实现从底层控制系统到 MES/MOM 的实时数据处理和计算。

6.4　MES/MOM 与上层管理系统的信息集成

6.4.1　MES/MOM 与管理系统集成

MES/MOM 与上层管理系统的信息集成即软件系统之间的信息集成。根据数据同步模式可分为拉式和推式,例如数据从 A 系统到 B 系统,拉式是指 B 系统在需要数据时发起,通过 A 系统提供的数据接口获取数据;推式则是指 A 系统在数据新增或变更时发起,通过 B 系统提供的数据接口发送数据。再根据数据同步方向,MES/MOM 与上层管理系统的数据同步包括四种场景。

(1) 向上拉场景:上层管理系统从 MES/MOM 拉数据,MES/MOM 提供接口。

(2) 向下推场景:上层管理系统向 MES/MOM 推数据,MES/MOM 提供接口。

(3) 向上推场景:MES/MOM 向上层管理系统推数据,上层管理系统提供接口。

(4) 向下拉场景:MES/MOM 从上层管理系统拉数据,上层管理系统提供接口。

MES/MOM 与上层管理系统的信息集成主要包括以下技术。

(1) RESTful API:MES/MOM 或上层管理系统发布基于 HTTP 协议的 API 接口并共享接口文档,其他系统根据需要调用 API 接口获取或发送数据,RESTful API 也是目前软件系统主流的数据接口技术,大多采用 JSON 数据格式,也可采用 XML 等数据格式,支持向上拉和向下拉两种场景。

(2) 其他分布式调用技术:一系列分布式调用技术在信息集成架构中的定位与 RESTful API 相似,只是采用不同的协议或语法,例如性能更强的 GraphQL、部分微服务框架支持的 RPC(remote procedure call)、SOA 时代的 Web 服务 SOAP/WSDL 等,通常 MES/MOM 和上层管理系统由相同团队基于相同技术开发时才会使用,支持向上拉和向下拉两种场景,其中 GraphQL、部分 RPC 等技术同时支持四种场景。

(3) 数据缓存:MES/MOM 或上层管理系统将其他系统需要的数据实时/定时发送至基于 Redis 等技术构建的数据缓存平台,数据缓存技术基于内存而读写性能高,其他系统需要时从数据缓存平台读取数据,部分数据缓存技术同时支持发布订阅模式,将发送的数据实时推至需要的系统,同时支持四种场景,只是相对于其他"推"技术,难以支持高并发和大数据量。

(4) 消息队列:MES/MOM 或上层管理系统将数据实时/定时发送至基于 Kafka、RabbitMQ 等技术构建的消息队列平台,其他系统通过发布订阅等模式获取数据,主要支持向下推和向上推两种场景。

(5) 企业服务总线 ESB:MES/MOM 与上层管理系统通过 ESB 或类似技术进行数据同步,同时支持四种场景。

(6) 数据库:MES/MOM 与上层管理系统通过共享数据库进行数据同步,主要支持向上拉和向下拉两种场景,部分软件系统在不另行开发数据接口时,往往采用此方式与其他系统共享数据。

(7) 数据湖/数据中台:MES/MOM 与上层管理系统通过数据湖/数据中台等新一代数据平台进行数据同步,同时支持四种场景,只是数据湖或数据中台的标准规范并未统一,需要企业数字化相关团队紧密协同、达成共识,才能顺利推行。

6.4.2　MES/MOM 与智能算法集成

随着制造企业数字化的推进,MES/MOM 需要集成越来越多的智能算法,如高级计划排程算法、供应链优化算法、设备预测性维护算法、质量大数据分析算法、能效优化算法、碳排放优化算法等。

如果 MES/MOM 与智能算法采用同一种编程语言,或者两种编程语言支持调用,可将智能算法封装放入 MES/MOM 系统程序,实现集成,例如将智能算法封装成 jar 包,放入 Java 版本的 MES/MOM 系统程序。事实上,多数 MES/MOM 系统采用 Java 或 C♯ 语言构建,而算法科学家更愿意用 Python、R 等语言实现智能算法,两种编程语言的直接调用在面对复杂程序时经常失效,例如 Java 虽然能够直接运行简单的 Python 脚本,但面对具有复杂依赖关系和环境的 Python 程序时经常束手无策。

将智能算法封装成可执行程序,MES/MOM 通过命令行调用程序,等待运行结束后从程序结果存放处读取算法结果,再继续 MES/MOM 的后续流程。该方法深度依赖操作系统的程序执行机制,可靠性和稳定性不足。

微服务架构开始普及后,微服务成为 MES/MOM 与智能算法集成的推荐技术。智能算法可以采用与 MES/MOM 不同的编程语言,只要按照微服务标准规范将智能算法封装成微服务,MES/MOM 就可以通过标准协议和接口对智能算法进行调用,使可靠性和稳定性提升、分布式部署架构得以实现。除了微服务架构主流技术 RESTful API 外,GraphQL、RPC、SOAP/WSDL 等技术也可以实现相似的集成架构。

6.4.3　MES/MOM 与业务流程编排技术

数字化企业的基石是数据流动,业务流程数字化是确保数据正确流动的根本。MES/MOM 在数字化企业中"承上启下"的定位使其能够关联大量业务流程。

部分业务流程位于 MES/MOM 内部,如果业务流程的边界不跨越微服务或系统,可直接采用工作流引擎,通过有序组合和排列 MES/MOM 的数据、逻辑、规则等元素,实现业务流程的数字化编排,在该微服务或系统内统一管理业务流程的模型定义、数据流动和流程执行。

对于跨越 MES/MOM 微服务的业务流程,以及跨越 MES/MOM 与上层管理系统的业务流程,需要进一步使用微服务编排技术。微服务编排引擎是工作流引擎的衍生技术,工作流引擎的元素是程序代码,而微服务编排引擎的元素是微服务及其接口,当然微服务编排引擎还需要应对分布式事务、分布式异常等分布式环境的特定挑战。微服务编排引擎主要源于微服务架构厂商和工作流引擎厂商,例如 Netflix 的 Conductor 和 Camunda 的 Zeebe。

本章拓展阅读

MESA 模型

西门子 Opcenter MOM

习题

1. 用示意图描述 MES 与 MOM 的关系和区别。
2. 选取某主流厂商的 MES/MOM 架构图,简述其纵向信息集成架构。
3. 简述 MES/MOM 与底层控制系统的功能边界。

4. 简述 MES/MOM 与上层管理系统的功能边界。

参考文献

[1]　全国自动化系统与集成标准化技术委员会.工业企业信息化集成系统规范：GB/T
　　　26335—2010[S].北京：中国标准出版社,2011.
[2]　郑力,莫莉.智能制造：技术前沿与探索应用[M].北京：清华大学出版社,2021.

第7章

企业与外部的信息集成

现代经济环境中,社会分工越来越精细,供应网络越来越复杂,无论是面对上游众多供应商、不同细分行业的客户群体,还是面对整个业务链条中的相关第三方服务商,企业都需要频繁地与外部合作伙伴打交道,这就涉及大量的外部信息与数据,在数字化转型的趋势下,企业内外部的信息集成越来越多,典型的场景包括面向供应链的集成、面向工业互联网的集成、与客户之间的集成等。

7.1 外部信息集成的重要性

7.1.1 复杂供应网络的形成

从手工业时代到工业时代,随着科学技术的进步与工业化的普及,涌现出一个又一个新产业,如随着蒸汽机时代的到来,机械设备产业兴起;随着内燃机的发明及电力带来的规模生产模式,汽车产业兴起;随着可编程逻辑控制器的出现,更多的机电一体化产业兴起。近年来,随着制造技术与信息物理技术的融合,又将兴起更多的产业。

随着时代的发展,新产业层出不穷,特别是近年来随着机电软技术领域的融合,出现了越来越多的细分新产业。同时,随着经济的发展,各行业都进入了精细化管理时代,企业也开始围绕自己的专业领域与专业技术开展业务,可以看到,以往企业从零件加工、部件生产、产品装配等多环节一体的纵向结构逐渐转向各自专注于核心业务领域、彼此之间靠商业合作、动态调整合作规模与合作网络的横向结构。同时,有些企业深度调研市场需求,能够将自己的专业产品和服务融入数百个行业,使其成为通用的专业产品,同时通过代理商、分销商、直销等不同的渠道快速到达细分市场与客户群体,以实现商业目标。

以下是来自部分企业的一些具体数据。

(1) 一辆家庭乘用车大约有 30 000 个零部件,若要将总成等部件继续打散,零部件数量会更多,供应商层级穿透后可达 10 层。

（2）中国某能源公司系统中供应商数量为 80 000 家。

（3）某工业自动化全球化企业 PLC 产品的全球直接客户约 60 万家，中国有 4 万家，分散在数百个行业，销售渠道层级穿透后达到 5 层。

在这么庞大的产业生态圈内，一家制造型企业（如装备主机厂）可能需要注塑、金属件加工、线束、电路板、电子元器件、多点控制器（MCU）芯片、润滑油品、螺栓螺母等不同行业的标准商品或配套零部件，一家电子元器件企业（如配电元器件）可能会发往医疗器械、注塑机、半导体制造设备、楼宇配电柜、风电电气设备等不同的行业下游企业。众多企业不仅是在一个专业的产业链内发展，产业链间也是交叉互融，这是一个错综复杂的产业网络，每一组有商业往来或有潜在合作的企业，都存在供应与需求关系，每个企业都面临着复杂的外部协作需求，需要从外界获取大量信息。这些信息不仅包括商业需求信息，还包括前瞻性的市场信息、科技研究信息、产品技术信息等，以及组织双方资源能够顺利实现预期交易的供应链管理信息。

7.1.2　竞争态势与数字化韧性运营

随着各行业的精细化发展，同一产业的竞争越来越激烈，各行各业都存在市场集中度提高、腰部及以下企业挑战与生存压力加大的趋势。例如家电行业，经过 20 年的发展与兼并重组，市场上仅剩少数头部厂商和不多的品牌。又如汽车行业，国外同一国家的汽车制造商和零部件厂商数量均有限，国内也正在发生变化，而特斯拉、比亚迪等新能源汽车厂商的崛起，又将进一步冲击现有的汽车产业。再如钢铁行业，在国家与行业的带动下，宝钢等集团企业通过兼并重组进一步提升了集中度。其他行业也正在变革中。

图 7-1 列举了部分典型行业的市场集中度发展现状。

图 7-1　部分典型行业的市场集中度发展现状

产业供应链的复杂程度日趋提高,竞争强度也日趋提高,企业若要在市场中继续发展生存,或进入新兴市场,就必须在企业内外部整体管理特别是供应链管理上下功夫。

近年来,特别是 2018 年以来,在大国竞争与新型经济形势下,企业供应链面临的不稳定因素越来越多,特别是科技型企业或者存在上游科技型企业供货的实体企业,都需要重新审视供应链,例如与芯片半导体、传感器供应、关键设备元件供应等相关的产业,频繁出现备份技术研发、供应链重组等新现象,也进一步增加了企业与外部协作的复杂性。2020 年以来,新冠疫情席卷全球,全球供应链吃紧,部分核心零部件如芯片等,由于全球各地的制造工厂时有发生疫情导致的临时关闭,既有的成熟产业链、供应链的物流难以保证顺畅交付,企业被迫花费大量人力进行追货,甚至重新寻源开发。韧性供应链一词成为高频话题。企业必须比以往更关注外部信息的获取和响应。

产业供应链的复杂性、竞争性及近年来"黑天鹅""灰犀牛"事件频发的急迫性,要求企业深度思考数字化转型:如何利用数字化技术快速获取外部信息,加强与外部集成,有效识别风险,快速制定对策;如何利用数字化技术在内部快速推动执行,进而实现对外部需求的敏捷响应;如何将数字化技术与销—产—供—研管理深度融合,实现一体化运营,进而打造数字化时代的韧性企业,这都是摆在管理者面前的现实课题。

进入"十四五"以来,特别是随着 2021 年全国两会政府报告中"数字经济"一词的发布,协同推进数字产业化和产业数字化转型已经成为数字中国建设的重要指导方针。近年来,国务院相关文件中连续强调数据要素的重要性,数据作为与土地、劳动力、资本、技术并列的生产要素,受到了前所未有的关注。

未来在产业供应链的运转过程中,作为实体企业,应将自身确权的生产数据对外赋能与可信授权,参与新型商业模式,或者商业获取外部确权数据为企业所用,这些新型生产力的变化,都会促进潜在生产关系的实现。外部信息与数据集成的重要性将与日俱增。

总体来看,企业与外部信息集成分为以下几种类型。

(1)面向供应链的信息集成,通常情况下面向内部供应链本身与外部供应链,特别是上游一二级供应链的信息集成;对于关注产业链的政府机构或大型平台机构,对整体产业链上下游之间的关注更为普遍。

(2)面向工业互联网的信息集成,例如制造企业为部分上游配套供应商群体部署在线运营管控平台,统一管控上游供应和技术数据,或者工业企业管控各地制造产能或设备资产,或者工业企业交付工业产品后提供远程运维或在线监测等新服务场景。

(3)制造企业与客户的信息集成,制造企业通过分销商、代理商及更下游的二级销售网络来获取产品在渠道中的流转信息,或者在新型商业模式下,通过 C2M (customer to manufacturer)直达最终客户或用户来实现客户信息的直接集成。

　　企业与外部信息集成双方均可获得的最大益处是加速信息流转,加速业务执行,并促进更多的业务数据化,促进企业经营提速增效。同时,借助更多的业务数据化,产生更多高价值的关联数据,发掘与转化出更大的"数据要素"价值,实现数据业务化。

7.2　面向供应链的信息集成

7.2.1　供应链管理的定义

　　2017 年 10 月,国务院办公厅正式发布了《国务院办公厅关于积极推进供应链创新与应用的指导意见》,提出"供应链是以客户需求为导向,以提高质量和效率为目标,以整合资源为手段,实现产品设计、采购、生产、销售、服务等全过程高效协同的组织形态。随着信息技术的发展,供应链已发展到与互联网、物联网深度融合的智慧供应链新阶段"。这标志着供应链管理已受到国家层面的高度重视。

　　在制造业链条上,每一家实体企业都会涉及与研产供销服等价值链活动相关的业务经营。从本质上来说,企业要组织好各方面的资源,满足最终或直接市场与客户的需求,供应链管理的确正在发挥越来越重要的作用。

　　供应链的本质是"流动",是"链条",从所辖业务范围来说,通常可具体分为采购、物流、交付等不同领域,部分业界领先的企业,特别是全球化公司,往往将生产管理也纳入供应链运营范围,看不见的计划体系连接了供应链环节的各项业务功能(如图 7-2 所示),供应链管理还需要将产品研发、市场销售、客户服务等职能纳入协同范围,以最大限度地确保上下游整个链条的顺畅流动。

图 7-2　企业供应链管理业务范围

7.2.2　供应链网络布局及其信息集成

对于大型企业特别是全国性甚至全球化经营的企业而言,供应链网络布局是指在全国、全球多点布局制造基地;对于耐消品、快消品等行业来说,有些企业还会建立分层次面向不同区域的物流或分销中心,需要做出如下决策。

(1) 面向哪些区域的客户生产与交付产品。

(2) 提供何种产品,是备库发货、按单生产,还是提供选配定制。

(3) 在哪里生产,制造基地间是否存在生产配套,产成品如何发运。

(4) 与产品和服务相关的物资供给从哪里提供,特别是战略类与瓶颈类物资。

(5) 若有物流或分销中心,如何设定物流仓库与分销中心,如何配置库存策略。

(6) 若有投诉或退货,逆向物流路径如何设定。

供应链网络布局规划涉及大量信息,如全球供应网络、运输路线、市场预测、产能布局及其规模、瓶颈工艺,甚至多级供应商成套资源供应等,管理的精细化程度需要具体到每一种机型、每一个存货单位(stock keeping unit,SKU)货品,面对不同层面的业务场景,如布局选址设计、运输路线设计、多级仓库存策略设计、供应决策设计等场景,在复杂的业务规模下,有时也需要借助成熟的供应网络规划(supply network planning,SNP)软件和相关的高级算法或机器学习,实现快速计算与快速决策。

应用 SNP 软件平台开展规划工作,需要获取较多数据,除了需要内部 ERP 数据,也需要外部信息,如上下游客户信息、供应商信息及其配件与产品流向信息、承运商信息、市场调研机构定期发布的市场数据等。企业可将 SNP 软件与 ERP、CRM 等数字化系统集成,并通过互联网数据抓取外部公共数据或商业 API 接口获取专业数据。

除了龙头企业或大型集团,中小型配套企业的供应链网络往往较为简单,很多时候仅为一个单制造基地或较为集中的制造基地群,直接出厂发货。

供应链的商业与交付模式一旦确立,接下来就进入具体的供应链运营环节,可分为供应链计划、寻源与采购、厂内生产与物流、外部物流与交付等多领域。

7.2.3　供应链计划管理及其信息集成

供应链计划是制造型企业的"总指挥",计划层面的内容不只体现在工厂与车间的日常计划与排程方面,更为重要的是体现在协同销—产—供—研一体化的端到端供应链计划方面,特别是前瞻性的、基于预测的资源配置,其中涉及以下方面。

(1) 不同渠道的销售特点不同,其管理特点亦不同,这涉及企业与客户的信息集成。

(2) 供应链计划的覆盖周期各不相同,部分行业的链主企业可以覆盖 12~24 个月的滚动预测,大部分企业往往覆盖 3~12 个月的未来销售。

（3）若企业下游渠道与销售链条较长,设有多级仓网,则会基于中长期需求预判,进行动态库存调拨与水位调整,这部分调整与末端的销售预测叠加,形成未来的需求计划。

（4）企业将自有产能、上游关键供应承诺产能等供应计划与需求计划进行平衡比对后,统筹决策未来多时段的主计划,并确定相关资源,与外部合作机构(如战略大客户、关键供应商、第三方供应链服务机构等)共享。

需要说明的是,供应链计划会涉及大量的进销存等数据管理,在节奏加快的现代竞争环境下,借助数字化系统加快数据与信息的处理,实现跨领域、高效率的协同活动,是未来发展的趋势,但上述活动难以通过传统 ERP 系统实现。

企业资源计划(enterprise resource planning,ERP)系统是将企业所有资源进行整合集成管理,将企业的 3 大流(物流、资金流、信息流)进行全面一体化管理的信息系统。其最早起源于 20 世纪五六十年代的物料需求计划(material requirement planning,MRP)和七八十年代的制造资源计划(manufacturing resources planning,MRPII)的概念,持续发展延伸,20 世纪 90 年代由美国 Gartner 正式总结为"ERP"一词对外推广。在相当长一段时间内,ERP 曾作为企业管理信息化的代表,影响了很多大中型企业。

ERP 系统在计划领域最重要的功能之一便是将需求数量以结构化方式输入,经过主生产计划(master production schedule,MPS)与 BOM 展开等形式形成生产计划与物料计划。无论是企业向供应商正式下达采购订单之后收货形成来料库存,还是对内下达制造指令之后完工形成成品库存,ERP 都是执行层面的"总指挥"。在这一领域,SAP 公司是全球领导者之一,其 ERP 产品经过了几代的发展,甚至在一定程度上精准定义了 ERP 行业。

但 ERP 系统更多的仍然是对内管理,是内部供应链与财务运营的融合(俗称业财一体化),本身并不具备协同销售预测管理、一致性计划管理、预留与分配等功能。尽管 ERP 系统管理进销存,反映物资库存,但其难以系统化与结构化地管理需求计划与供应计划、管理资源与库存,因此若要实现端到端供应链计划的总协调指挥,企业还需搭建专业的供应链计划(supply chain planning,SCP)软件系统,整体业务体系如图 7-3 所示。

总体而言,ERP 系统承接了 SCP 系统关于总体计划在时序区间的具体执行,基于业务模式(如备库生产或按单生产)触发相应的生产计划需求,但因其无限产能功能,通常情况下还需要借助高级计划排程(APS)系统,实现对作业计划的详细制订与时刻级的排程排序。业界目前有一种趋势是将 APS 与 MES/QMS 等系统功能整合为制造运营管理系统(MOM),具体可见之前章节。

需要额外说明的是,在经典的 APS 系统定义中,APS 理念中的 AP(advanced planning)高级计划部分涵盖了产供销协同等功能。从业界发展来看,APS 系统越来越专注于执行级别的 AS(advanced scheduling)生产排程部分,而涉及供应链中

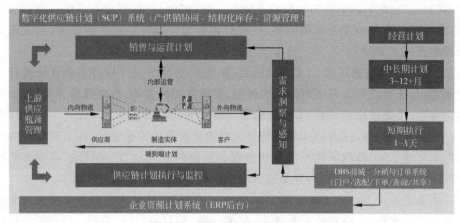

图 7-3　供应链计划管理与相关信息

长期计划与管理功能的产供销协同、需求管理、响应式补货管理、库存管理等部分，则由更为专业的 SCP 系统实现。

7.2.4　供应链物流管理及其信息集成

供应链运行的重要体现是物的现场流动，包括原材料从到场收货直至成品的外向发货出厂，以及企业外部的物流运输阶段。对于制造企业来说，物流活动不仅只是原材料与成品的出入库与上下架管理、运输与配送管理，还包括以下方面。

（1）基于供应商发货预报的文件预审、场地资源准备及收货人员组织。

（2）收货后流转过程中的检验送样、检验放行、合格品入库、不合格品退还，甚至经常出现的不合格品换货等的业务流转管理。

（3）基于项目或订单集合的生产配送管理，包含领料环节、拣料环节（亦称备料）、配料发料环节及物料上线环节。不同环节的处理颗粒度不尽相同，但最终目的都是将纷繁复杂的物料需求按照不同程度的精益要求（如到线边、到工位、分时分序到达等，汽车行业可以做到按照台车级别），针对每个工位实现精细化配送。通常情况下，生产管理颗粒度越细，对生产配送的要求就越高，这一环节是企业精益管理水平的直接体现。

（4）基于看板式或补货式的生产补料管理，适用于稳态消耗型物料或标准件，通常由企业按照超市式精益理念优化与改造而来。

（5）从成品下线至成品出货的全环节，一物一码，采用标准包装与转运容器，实现下线、装箱、短驳、入库、出库、包装、装运等多环节的顺畅流转；对于开展多层次仓网布局的大型企业来说，若制造基地将产成品下线后直接发往物流中心，上述活动则在物流中心开展。

（6）除上述正常流程之外，其他异常场景，如缺料缺货、不良退返、紧急订单等，也需要在端到端的物流运行中提前考虑、快速执行。

因此,物流活动本质上是跨部门的协同活动,其复杂性远远超过传统的实物仓储管理,本质上是采购计划、生产计划与出货计划、运输计划在实物管理方面的体现。同时,实物管理中的所有信息应与数据实时同步,从而更快速地推动决策管理与问题解决过程(如图 7-4 所示)。

在统一供应链计划管理体系下，采购计划、生产计划、发货计划是端到端厂内物流活动的起点

供应商 | 从预报至上架 | 从计划至上线 | 从下线至发运 | 客户

按照 "收货批" / "拣料批" / "出货批" 进行全流程的透明流转执行与管控

ERP稳态后台：实时系统集成、账物同步移动、业财一体化

图 7-4　供应链物流管理与相关信息

制造企业内部的供应链物流管理越来越重要,也越来越复杂。传统的仓储管理系统(warehouse management system,WMS)解决方案也需要与时俱进,以提供更多的精益物流管理功能,因此物流执行系统(logistics execution system,LES)解决方案一词逐渐被市场接受。如汽车行业与电气行业,复杂装配环境下的物料流动与精益拉动是其管理核心,企业谈论 LES 而不是 WMS 的情况也更为普遍,这反映了管理者的关注视角也从基层的操作任务层面上升到生产物流一体化管控层面和更高的现场运营绩效层面。

需要重点强调的是,基于物流管理的一线现场业务特点,移动端系统发挥的作用越来越大,在常规业务场景下甚至无须办公室人员参与。后台任务自动推送,前端人员按指令执行,扫描物品以获取后续流转信息,即时操作即可实时过账等。这些理念逐渐成为 LES 的落地指导。

7.2.5　供应链采购管理及其信息集成

制造型企业的运营离不开上游供应商的合作,围绕采购管理,企业职能往往又可具体分为战略采购职能与执行采购职能,战略采购活动的重点在于寻源至准入的整体管理,主要内容如下。

(1)业务需求分析与寻源市场的持续开发。

(2)品类分类与相应的品类采购策略制定。

(3)新供应商的准入评估、跨部门审核、供应商的生命周期管理。

(4)各种在线招投标与询比价的商务管理。

(5)寻源、商务过程中的价格与成本分析及管理。

(6) 单供、多供等相关的配额管理。

(7) 供应链安全保障及预案管理。

除了战略采购执行，与日常计划、采买付款等相关的活动也是重要组成部分，不同企业将其归属于供应链、物资或采购等部门。如果说战略采购更偏重于管控与保障，那么执行采购因活动高频，更偏重于日常运营与协同，其主要活动不限于采购订单的下达与追踪，还包括生产计划的协同、物料计划的调整与催货，以及订单交付后的对账付款等活动。

近年来，随着"灰犀牛"与"黑天鹅"事件的频发，供应链时有中断的风险，传统的先寻源后准入再采买的链式活动难以应对关键零件（如功率芯片）缺货、苏伊士运河堵塞断航等意外场景。因此，业界的应需寻源与商业采买的同步活动明显增多，当然这对企业内部不同职能的协同节奏要求也会更高。

企业需要与众多供应商打交道，而且是多个职能部门与供应商的多个职能部门打交道，其信息交互种类繁多，不限于产品与技术信息、资质与认证信息、询报价信息、供需相关信息、商务结算信息等，在复杂的供应网络下，企业越来越需要借助于数字化技术手段来实现双方信息的高速准确共享，同时双方亦需借助于数字化技术手段实现各自企业内部的高效协同管理。

对于企业来说，最熟悉的首先是供应商关系管理(supplier relationship management, SRM)系统，其最常用的功能是企业级分级分类供应商的管理，包括供应商档案、审核与认证管理、采购金额分析等常规功能，部分企业亦会将相关管理流程（如新开发申请、零件认证、模具资产管理等）纳入这一系统。在对外信息集成方面，企业会开放门户入口，支持供应商在线注册、提交资料。在商务方面，可通过在线引入各类电子招标与竞价方案，支持供应商在线提交。为了更可靠地了解上游供应风险，例如了解供应商公开财报、了解供应商是否存在对外法律纠纷等，企业 SRM 系统还会集成外部第三方平台，如邓白氏商业数据平台、第三方商业数据库平台等。

其次是用于提升高频交易效率的供应链协同(supply chain collaboration, SCC)系统，通常用于直接物料（如 BOM 中的物料）和间接物料（如运输服务等）的计划协同、订单协同、技术协同、交付协同、质量协同、财务协同等与供应商间的多环节互动协同管理。对于直接物料及其配套服务，企业为指定供应商开放门户入口，供应商在线登录并获取需求信息，包括未来预测、新下订单等，及时给出反馈确认；若为采购订单，完成后提供发货预报，通过在线门户入口还可获取后续收货与检验等信息，便于开展后续的财务结算。同时，供应商亦可及时获取最新版本的图纸、疫情期间的供货通告等信息。若双方采用了更为精益的计划模式，如开展寄售、计划协议等，供应商可通过门户入口获取更多信息，如企业实时库存、生产计划与进度等信息。对于间接物料，企业内部可通过目录式采购集合下单，之后供应商通过在线平台获取供货任务，开展后续交付等工作。

需要说明的是，不同企业对 SCC 系统的定位不尽相同。传统而言，企业将

SCC 系统看作 SRM 系统的一个协同管理模块,部署的 SRM 系统同时包含了 SCC 系统功能。近年来的业界实践表明,企业正逐渐将 SCC 系统视为独立的管理系统,强调与 ERP、LES、APS 等系统的深度集成,关注 SCC 系统对每个业务板块的精细化支持力度。越是大型集团(通常下辖多个制造基地),统建 SRM 系统强调管控、分建 SCC 系统强调效率的趋势越明显。Gartner 全球供应链 25 强多家领军企业的实践已体现出这一趋势。

从业界实践来看,企业若要实现端到端供应链管理的数字化,需要部署多套专业系统,并且互联互通。德国 SAP 公司、美国 Oracle 公司能够提供上述所有专业系统,业界亦有德曦数企这种专注于制造业领域的本土企业,提供对标先进实践与 SAP/Oracle 商业软件群的数字化供应链本土解决方案。

7.2.6　多系统间数据集成技术

对于内部数字化应用系统群建设,企业可按照预先设计,在部署新系统时,通过微服务架构与标准化接口接入已建系统群,亦有企业采用专业的企业服务总线(enterprise service bus,ESB),使各系统之间通过 ESB 中枢系统实现互联互通;对外与供应商和服务机构合作,有条件的企业通过电子数据交换(electronic data interchange,EDI)直连技术直接与外部合作方的相关系统对接,特别是大型集团内部的关联交易。更为普遍的场景是,企业独立部署可授权外部访问的 Web 平台实现与外界信息的交互,这一基础设施对企业的 IT 技术要求更低。

通常情况下,各产业链条上的链主企业影响力较大,若其要求供应商通过 Web 门户入口与企业开展协同工作,大部分配套的供应商一般都予以配合。但部分供应商往往合作多家企业,甚至多个行业的龙头企业,若要其登录数十个客户的 Web 门户,管理起来也极具挑战性。同时,供应商对更上游供应商的影响力没有那么大,亦难以将同样的 Web 协同方式再向上游推行。因此,尽管各行各业都在谈产业链数据与信息共享,但事实上除了链主企业之外,商业和技术层面都很难达到这一理想境界。尽管业界有部分 B2B 平台厂商,如德国 SAP Ariba 商业网络公司与美国 Coupa 商业网络公司,在推动 SRM 与 SCC 云协同,但考虑到数据安全与数据资产的重要性,这一云上商业推广方式在国内始终不温不火,同时云上方案亦很难满足日益增长的企业特色需求。

为此,国家工业信息安全发展研究中心推行 DOA/Handle 标识解析体系,希望通过统一融合的工业互联网标识解析体系,企业或用户可以利用标识访问产品在设计、生产、物流、销售和使用等各环节,在不同管理者、不同位置、不同数据结构下智能关联的相关信息数据。

DOA/Handle 系统是包含标识编码、数据解析、数据管理、安全管理的整体基础架构,提供了全球适用的统一标准体系,在消除数据烟囱、数据孤岛方面具有天然的优势。更为关键的是,DOA/Handle 系统可兼容其他编码格式,甚至可增强其他标识系统的数据管理功能,这是其他停留在标识编码应用层面的标识系统所不具备的强大功能和优越特性。

更重要的是,企业的商业与运营数据存放在本地的 Handle 服务器(具有全球唯一的认证节点)中,并且实现分级分类管理,客户或供应商系统连接本地服务器,只有在获得授权的情况下,才能获取与授权相关的数据。未来一种可预测的场景是,复杂产业链网络中的每一家实体企业都专注于业务运营,本地 Handle 服务器获取大量外部授权数据,并同步到本地管理系统,本地运营数据存放在本地 Handle 服务器中,并授权访问外部合作机构的 Handle 服务器。通过这种方式,不仅是链主企业,多级链条上的实体企业都能便捷地推进自身数字化转型,更容易地实现对外数据与信息的集成。假以时日,企业还可以将部分关键数据进行对外商业授权,实现数据业务化,这也符合数字经济时代国家提出的"数据要素"这一新生产要素的定位与重要作用。

7.3 面向工业互联网的信息集成

2017 年 11 月,国务院发布《国务院关于深化"互联网＋先进制造业"发展工业互联网的指导意见》,拉开了我国工业互联网发展的序幕。之后,"工业互联网"一词连续 5 年写入政府工作报告,受到了国家层面的关注,并与数字经济、制造业高质量发展、稳增长等国家政策导向对标看齐。

在万物互联的发展趋势下,未来产品与服务需求的一个重要方向是装备有传感器、提供对外数据连接的智能产品,这适合具备产品研制能力的制造厂商,如大型装备、工业传感、专用设备等企业。企业从制造传统产品转向高附加值的智能产品,无形中创造出新的细分市场;围绕智能产品的通信特色,提供配套的数字化服务,如效率更高、灵活性更强的设备状态远程监控、无人值守与专家诊断相结合的增值服务销售,甚至将工艺与设备知识封装成在线软件包的新型软件销售,这也促进了高利润服务业务的发展,符合"服务型制造"的发展趋势;同时,企业掌握了现场设备的运行数据,可结合企业研发与制造过程的知识与经验,有机会进一步提高产品设计质量与制造质量,在提高产品可靠性的同时,有利于积累更多的经验,促进研发下一代高质量产品,有利于产品线升级。

业界出现了越来越多的成功案例,例如工业传感器、工业设备厂商会随产品提供物联网(IoT)采集装置,自动采集数据后上传到企业云平台,用户在线登录后可查看健康状态、事件日志等信息;不少第三方物联网平台亦提供类似的服务,还提供覆盖各类工控协议连接的设备智能改造服务,有助于实现监测管理,例如有助于保险金融公司监控管理已融资授信的设备资产,结合分行业专业技术能力,为用户提供在线实时监控与问诊服务(替代或补充原厂服务)。

对于大型装备企业来说,部分企业不仅提供装备交付及配套的安装调试等服务,往往也会进一步为业主方提供工程建设后的运检一体化服务,典型的如轨道交通、新能源风光发电等行业,应用物联网技术可深入提供一揽子解决方案。

(1)部署分级集控系统,对装备主机、关键部件等部署传感器,获取信号接入,实时监控并远程及时介入。

(2)空旷地带试点部署无人机巡检、机器人巡检等方式,将图像萃取后传输至后端管理平台,并参与后续业务流程管理。

(3)应用 5G 等工业通信技术,覆盖安全、健康、环境等管理环节,规范人员行为,及时预警。

(4)应用时序数据库采集关键技术数据,部署专业算法,应用边缘计算技术,及时调控装备运行,如风电场站的最佳对风静偏差与最佳桨距角的寻优增益,以提高发电效率。

不仅对外部装备、设备、工业品的资产端进行管理,部分大型企业集团也在将工业互联网技术应用于更多的外部管理场景。

(1)部分产品需要外协制造,于是需要对原厂委托制造(OEM)厂商的生产进度进行管控,以纳入企业级整体供应链的运营活动,企业为 OEM 厂商部署基于工业互联网技术的 MES 管理平台,或要求其自行部署,但数据接入指定的工业互联网平台,再与企业内部运营管理中心系统对接。

(2)企业希望掌握上游关键配套供应商的生产能力、制造过程、进销存物资等信息,要求供应商应用工业互联网技术,将指定信息反馈至指定平台或企业外部Web 访问服务器,从而纳入企业级的整体运营管控。

随着技术的进步,企业实现互联互通与高效率运行的边界也在不断扩大,借助于外部信息的高效集成,供应链与研发、制造、服务等领域的运营效果也在增强。

7.4 制造企业与客户的信息集成

无论企业处于产业链的哪一环节,其业务经营的核心基础都是围绕下游客户提供产品与服务,所处的产业链不同、环节不同,其下游客户的特点亦不同。总体而言,分为以下几种。

(1)面向传统分销渠道和销售终端的 B2B 和 B2C 业务,典型行业包括耐用工业品(如电动工具、家居电工开关等)、耐用消费品(五金卫浴、电动自行车等)、快速消费品(食品饮料、鞋帽服装等)等。

(2)面向电子商务的 B2C 业务,在互联网+制造业的现代经营环境下,面向全渠道的销售是必然发展趋势,企业往往也会成立专业团队运营电商业务,这一类业务具体又分为自建官方商城和天猫、京东等第三方电商入驻等多个方向。

(3)面向大型业主客户的 B2B 业务,这类业务覆盖的行业比较丰富,B2B 业务互动具有典型的项目制特点,以商机需求为指引,销售过程周期较长,价值活动较多,以客户为中心的协同活动较多。

从需求至订单、从线索至回款的过程中,涉及大量的业务信息(图 7-5)。

(4)面向市场获取相关情报(如市场情报、产品信息、友商经营、竞品动态等),结合传统互联网平台信息与新型社交网媒信息,接入第三方专业数据平台,获取更多市场与潜在客户信息、客户情报信息。

(5)对于渠道销售、项目销售、电商销售等销售过程,企业关注各类销售过程信息,如渠道中的库存与流通信息、电商平台的消费者访问行为信息、商机销售过程信息、商机预测信息、技术方案与标的准备等信息。

(6)无论采用何种销售方式,在合同或订单生效后都会进入交付与服务阶段:先进企业普遍围绕订单全生命周期管理开展工作,包括计划、排产、开工、入库、运输等环节,也包括签收、开票、回款等活动,一方面推进企业内部协同合作,另一方面及时与客户(或消费者)共享进度信息。

(7)部分企业正在与客户建立越来越密切的关系,例如在客户处存放一定量的寄售库存,在实现客户库存数据共享与集成的条件下,约定补货规则,从而实现对下游客户需求的实时感知与敏捷响应。

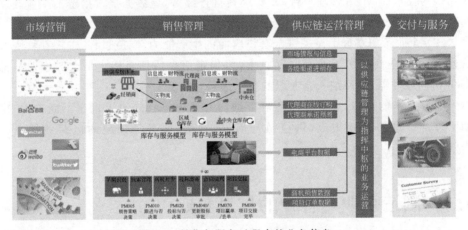

图 7-5 销售与服务过程中的业务信息

数字化系统的充分应用可加速客户信息的获取与处理,常用的数字化系统包括 CRM(客户关系管理)系统、PMS(项目管理系统)、DMS(分销商管理系统)、B2B(企业电商平台)、OMS(订单管理系统),这些系统与 SCP(供应链计划)系统、ERP(企业资源计划)系统等对接,从而拉动以客户为中心的端到端供应链运营。关于系统间集成技术,微服务架构、ESB,甚至 DOA/Handle 标识解析技术,同样可以应用于客户信息集成的场景中。

"十三五"以来,随着智能制造活动的开展与普及,部分行业纷纷推广 C2M(customer to manufacturer)新型商业模式,如家具企业为消费者提供个性化选配,西服企业为消费者提供量体裁衣的定制服务,甚至商用车服务企业也为客户提供产品选配定制服务,这都在行业内掀起了新的差异化竞争格局,进而引领了行业发展趋势。C2M 对数字化系统间的互联互通要求更高,但同样也要将客户的集成信息最终融入企业的整体运营,进而实现销—产—供—研一盘棋的良好协同管理。

　　各行业的竞争已经进入下半场,客户对企业服务的期望值越来越高。企业只有面对未来透明化、体验化、定制化的发展趋势,将数字化技术融入企业运营的方方面面,面向内外部供应链、外部客户与服务,实现协同计划、客户连接、智能制造、智慧物流、研发设计与协同采购等全方位的贯通,才能最大限度地发挥企业的运营潜能,在纷繁芜杂、意外频发的新时代环境中,塑造新型韧性供应链,在市场竞争中赢得主动地位,创造更多的价值。

本章拓展阅读

国标:供应链数字化管理指南

德曦:从智能制造到智慧供应链

Gartner:2022 年全球供应链管理排名

德勤:拥抱数字化思维

安筱鹏:《重构:数字化转型的逻辑》

工业互联网融合创新应用白皮书

习题

1. 企业一般面临哪些外部信息,涉及哪些业务领域?
2. 供应链管理包括哪些业务层面,涉及哪些典型的数字化系统与信息集成?
3. 工业互联网、工业物联网包括哪些典型应用场景?
4. 不同销售模式下与客户相关的信息包括哪些,涉及哪些典型系统?

参考文献

[1] GB/T 23050—202X,信息化和工业化融合管理体系供应链数字化管理指南[S].

[2] 德曦数企. 从智能制造到智慧供应链[EB/OL]. 2021-07-02.

[3] Gartner Announces Rankings of the 2022 Global Supply Chain Top 25,Stamford,Conn.,May 26,2022.

[4] 德勤. 数字化供应链白皮书：拥抱数字化思维[R]. 2020.

[5] 安筱鹏. 重构：数字化转型的逻辑[M]. 北京：电子工业出版社,2019.

[6] 中国工业经济联合会. 工业互联网融合创新应用白皮书[R]. 2021.

第8章

信息集成与数字孪生

数字孪生是近年来制造业乃至智慧城市、能源、物流、医疗、教育等各行业的热门概念,它是科技发展时代数字化的必然产物,且市场前景广阔。随着近年来 5G 技术、边缘计算、红外线监测、物联网及计算机硬件等技术的不断优化,数字孪生与新的 IT 技术深度融合,形成了信息物理系统的集成、多元异构数据的融合、支持虚实双向链接与实时交互的新一代工业互联网发展趋势。

8.1 数字孪生的概念与驱动要素

8.1.1 数字孪生的概念

数字孪生技术结合多个领域而发展,因此不同行业、不同机构对数字孪生的定义也有所不同。通俗来讲,数字孪生是指对于物理世界中的物体,通过数字化手段在数字世界中构建一个一模一样的实体,借此对物理实体进行监控、分析和优化。从专业角度讲,标准化组织、学术界及企业对数字孪生的定义如下[1]。

(1)标准化组织中的定义:数字孪生是具有数据连接的特定物理实体或流程过程的数字化表达,该数据连接可以保证物理状态和虚拟状态之间的同速率收敛,并提供物理实体或流程过程的整个生命周期的集成视图,有助于优化整体性能。

(2)学术界的定义:数字孪生是以数字化方式创建物理实体的虚拟实体,借助历史数据、实时数据及算法模型等,模拟、验证、预测、控制物理实体全生命周期过程的技术手段。

(3)企业的定义:数字孪生是资产和流程的软件表示,用于理解、预测和优化绩效以实现业务成果的改善。数字孪生由三部分组成:数据模型、分析或算法、知识。

8.1.2 数字孪生的五大驱动要素

从根本上讲,数字孪生是以数字化的形式对某一物理实体过去和当前的行为或流程进行动态呈现,有助于提升企业业绩。图 8-1 展现了数字孪生的五大驱动要素——物理世界的传感器、数据、集成、分析、促动器,以及持续更新的数字孪生应用程序[2]。

（1）传感器。生产流程中配置的传感器可以发出信号,数字孪生可通过信号获取与实际流程相关的运营环境数据。

（2）数据。传感器提供的实际运营和环境数据将在聚合后与企业数据合并。企业数据包括物料清单、企业系统和设计规范等,其他类型的数据包括工程图纸、外部数据源及客户投诉记录等。

（3）集成。传感器通过集成技术(包括边缘计算、通信接口和安全)实现物理与数字世界间的数据传输。

（4）分析。利用分析技术可开展算法模拟并运行可视化程序,进而分析数据、提供洞见,建立物理实体和流程的准实时数字化模型。数字孪生能够预警不同层面偏离理想状态的异常情况。

（5）促动器。若确定采取实际行动,数字孪生将在人工干预的情况通过促动器展开实际行动,推进实际流程的开展。

当然,实际流程要比虚拟数字镜像复杂得多,图 8-1 的架构主要呈现的是从物理世界到数字世界,再从数字世界回到物理世界的闭环,这一架构有助于企业着手创建数字孪生。

工业 4.0
与数字
孪生

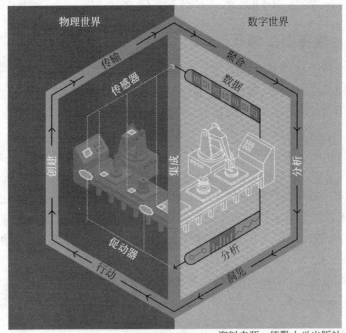

资料来源: 德勤大学出版社

图 8-1　数字孪生的五大驱动要素[2]

8.2　数字孪生系统与产品集成

　　数字孪生的构建和应用需要软件定义的工具和平台提供支持。平台的优势在于,一方面系统架构支持基于单一数据源实现产品的全生命周期管理,实现数据驱动的产品管理流程;另一方面实现不同行业、应用的打通,并支持其他模型通过API 接入平台。本节基于工业设备数字孪生系统框架,介绍智能制造领域数字孪生系统构建的六大要素及对产品全生命周期的应用服务。

8.2.1　工业设备数字孪生系统架构

　　智能制造领域的数字孪生系统框架主要分为六个层级:基础支撑层、数据互动层、模型构建层、仿真分析层、功能层和应用层(如图 8-2 所示)[3]。

工业设备
数字孪生
白皮书

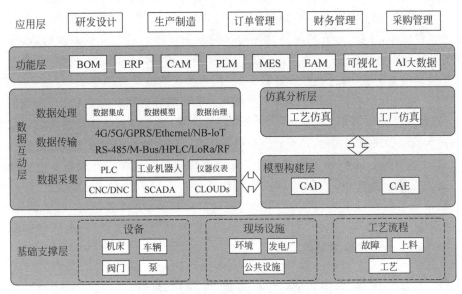

图 8-2　工业设备数字孪生系统总体框架

　　(1)基础支撑层。建立数字孪生是以大量相关数据为基础的,需要为物理过程、设备配置大量的传感器,以检测获取物理过程及其环境的关键数据。传感器检测的数据大致分为三类:①设备数据,具体可分为行为特征数据(如振动、加工精度等)、设备生产数据(如开机时长、作业时长等)和设备能耗数据(如耗电量等);②环境数据,如温度、大气压力、湿度等;③流程数据,即描述流程之间逻辑关系的数据,如生产排程、调度等。

　　(2)数据互动层。工业现场数据一般通过分布式控制系统(DCS)、可编程逻辑控制器(PLC)系统和智能检测仪表进行采集。近年来,随着深度学习、视觉识别技术的发展,各类图像、声音采集设备也被广泛应用于数据采集。

数字传输是实现数字孪生的一项重要技术。数字孪生模型是动态的,基于实时上传的采样数据进行建模和控制,对信息传输和处理时延有较高的要求。因此,数字孪生需要先进可靠的数据传输技术,具有更高的带宽、更低的时延,支持分布式信息汇总,并且具有更高的安全性,从而能够实现设备、生产流程和平台无缝、实时地双向整合/互联。5G 技术因其低延时、大带宽、泛在网、低功耗的特点,为数字孪生技术的应用提供了基础技术支撑,包括更好的交互体验、海量的设备通信及高可靠、低延时的实时数据交互。

(3) 模型构建层。建模即建立物理实体虚拟映射的 3D 模型,这种模型在虚拟空间真实地再现物理实体的外观、几何、运动结构、几何关联等属性,并结合实体对象的空间运动规律而建立。数字孪生由一个或多个单元级数字孪生按层次逐级复合而成,比如,产线尺度的数字孪生由多个设备耦合而成。因此,需要对实体对象进行多尺度的数字孪生建模,以满足实际生产流程中模型跨单元耦合的需要。

(4) 仿真分析层。仿真模型是基于构建的 3D 模型,结合结构、热学、电磁等物理规律和机理,计算、分析和预测物理对象的未来状态。例如飞机研发阶段,可以将飞机的真实飞行参数、表面气流分布等数据通过传感器反馈输入模型中,通过流体力学等相关模型,对这些数字进行分析,预测潜在的故障和隐患。

(5) 功能层。功能层即利用数据建模得到的模型和数据分析结果实现预期的功能。这种功能是数字孪生系统核心功能价值的体现,能实时反映物理系统的详细情况,并实现辅助决策等功能,提升物理系统在生命周期内的性能表现和用户体验。

(6) 应用层。工业领域构建的数字孪生系统应用可贯穿工业设备整个生命周期,解决工业设备在设计、制造、调试、运行、运维、营销阶段的各类问题。可以预见,数字孪生将在以下几大领域中落地,推动产业更快、更有效发展,如卫星/空间通信网络、船舶、车辆、电网、物流、制造车间、智能城市、智能家居、人体健康等领域,数字孪生会带来巨大影响与变化。

8.2.2　数字孪生产品全生命周期应用场景

1. 产品设计阶段

传统的产品设计研发主要是通过纸张及静态 CAD 设计,在进行技术验证时,需对生产出来的产品进行多次测试及数据采集,因此研发周期长、成本造价高。而利用数字孪生技术可打破物理条件的限制,以更低的成本、更快的速度迭代产品和技术,提高设计的准确性,并虚拟验证产品在物理环境中的性能。此阶段的数字孪生体具有以下两种功能。

(1) 数字模型设计。构建一个全三维标注的产品模型,包括"三维设计模型＋产品制造信息(product manufacturing information,PMI)＋关联属性"。三维模型可通过产品爆炸图的形式体现产品与各零部件之间的关系,PMI 包括产品的几何尺寸、公差、表面质量等信息,关联属性包括零件号、坐标系统、材料、版本、日期等。

(2)模拟和仿真。通过一系列可重复、含可变参数的、可加速的仿真实验,验证产品在不同外部环境下的性能和表现。在设计阶段就能验证产品的适应性。

2. 工艺规划阶段

在"三维设计模型＋PMI＋关联属性"的基础上,实现基于三维产品模型的工艺设计。具体实现步骤包括三维设计模型转换、三维工艺过程建模、结构化工艺设计、基于三维模型的工装设计、三维工艺仿真验证及标准库的建立,最终形成基于数字模型的工艺规程(model based instructions,MBI),具体包括工艺 BOM、三维工艺仿真动画、关联的工艺文字信息和文档。

3. 生产制造阶段

在传统工业制造阶段,由于生产环节复杂,与企业系统间存在"信息壁垒"问题,无法掌握生产状态、设备生产、排产的信息,造成对产品质量及交期的忧虑。数字孪生可助力工业设备的智能化制造,通过构建设备生产过程的数字孪生模型,实现生产、检测关键环节的智能监管,全面掌握生产需求、生产状况等,解决质量监管问题,保证产品质量。

数字孪生在生产制造阶段具有以下三种功能。

(1)生产过程仿真。在产品生产之前就可以通过虚拟生产的方式模拟不同产品、不同参数、不同外部条件下的生产过程,实现对产能、效率及可能出现的生产瓶颈等问题的预判,提高新产品导入过程的准确性和快速性。

(2)数字化生产线。将生产阶段各个要素,如原材料、设备、工艺配方和工序要求,通过数字化手段集成在一个紧密协作的生产过程中,并根据既定的规则自动完成不同条件组合下的操作,实现自动化生产过程。同时记录生产过程中的各类数据,为后续的分析和优化提供可靠依据。

(3)关键指标监控和过程能力评估。通过采集生产线上各种生产设备的实时运行数据,实现全部生产过程的可视化监控,并且通过经验或机器学习制定关键设备参数、检验指标的监控策略,对违反策略的异常情况及时进行处理和调整,实现稳定并不断得到优化的生产过程。

4. 产品服务阶段

在传统设备运营模式下,对产品故障的处理要经过"发现故障—致电售后—售后维修"等一系列被动的流程。然而随着物联网技术的成熟,许多大型工业产品都开始使用大量传感器采集产品运行阶段的信息,通过数据分析和优化,化"被动式服务"为"主动式服务",在设备出现故障前进行预测,并进行预防性部件更换,避免意外停机,改善用户的产品使用体验。数字孪生在此阶段可实现如下三种目标。

（1）远程监控和预防性维护。通过读取智能工业产品的传感器或控制系统中的各种实时参数,构建可视化的远程监控,并根据采集的历史数据构建层次化部件、子系统乃至整个设备的健康指标体系,利用人工智能技术实现趋势预测。

（2）优化客户生产指标。工业装备厂商可以通过采集海量数据,构建针对不同应用场景、生产过程的经验模型,帮助客户优化参数配置,提高产品质量和生产效率。

（3）产品使用反馈。通过采集工业产品实时运行数据,工业装备厂商可以洞悉客户对产品的真正需求,不仅能帮助客户缩短新产品的导入周期、避免产品操作不当导致的故障、提高产品参数配置的准确性,还能精确掌握客户需求,避免研发决策失误。

5. 产品报废/回收阶段

生命周期的最后阶段普遍面临报废和回收问题。此阶段将记录报废/回收数据,包括原因、产品使用寿命等,为下一代产品的设计改进和创新、同类型产品的质量分析及预测、基于物理的产品仿真模型和分析模型的优化等提供数据支持。

由此可见,产品制造完成后的服务与报废阶段仍要实现物理产品的互联互通,实现对物理产品的全生命周期闭环数据管理。在数据中心的运维场景中,保障配电系统及其他服务器设备的可靠性是实现数据中心可用性的关键。为此,基于数字孪生的三维应急操作规程(emergency operation procedure,EOP)系统(如图 8-3 所示)能够综合手机的产品全生命周期信息,将设备可能出现问题的情况、应对的方法策略、运维操作指南直观地分析并显示出来,确保运维人员可以迅速启动、有序有效地组织实施各项应对措施。

图 8-3　数据中心 EOP 系统

8.3 数字孪生工厂与信息集成

虚拟工厂是对实体工厂进行映射,具备仿真、管理和控制实体工厂关键要素功能的模型化平台。数字孪生技术将虚拟工厂的概念不断深化,利用物联网技术和监控技术加强信息管理服务,通过合理计划排程,提高生产过程的可控性、减少生产环节的人工干预,构建高效、节能、绿色、环保、舒适的智能化工厂。

数字孪生工厂的整体解决方案主要围绕制造业务链展开,包括研发设计环节的三维仿真验证、虚拟调试与装配,产线装备的故障监测分析、预测性维护、健康性诊断等,生产过程环节的调度优化、质量分析、在线统计、生产控制,以及车间与工厂的供应链优化、人员管理、能耗监测等,通过数字孪生与数据智能,整体实现自动化装备、数字化车间、智能化工厂。

本节通过工厂数字孪生平台的系统架构及应用场景,介绍数字孪生与信息集成。

8.3.1 工厂级数字孪生平台理念与架构

为构建具有全面感知、设备互联、数字集成、智能预测等特征的智能工厂运行体系,以市面上的工厂级数字孪生平台为例,介绍平台架构与设计理念。针对传统工厂/车间管控系统缺乏智能决策等问题,实现基于数字孪生的智能工厂总体架构和虚实集成的信息系统实时监测集成模型。创建基于数字孪生的工厂管控系统在物理工厂中的实时监测、高度自动化等功能,实现数字孪生系统与物理工厂两方面的虚实集成,结合虚拟仿真系统和工业物联网等技术在数字孪生系统中的应用,逐步实现数字孪生系统的信息集成框架、集成接口等解决方案。最后通过个性化定制的模型车总装车间数字孪生应用案例,实现基于数字孪生的虚拟生产系统的可视化、实时性、可操作性及可协作性等功能。

为积极推进数字孪生技术研究、标准制定、应用创新、建设推广等相关工作,工业 4.0 研究院牵头发起了数字孪生体联盟,加快数字孪生技术在制造业领域的快速发展。以下以孪数科技自主研发的 Twinverse 数字孪生技术平台为例(架构如图 8-4 所示),对数字孪生平台的原生架构进行介绍。

Twinverse 是数字孪生 PaaS 平台,架构分为三层,其中设备信息的接入、视频流的接入、多源系统的接入、系统数据的采集与传输等构成了平台的边缘采集层,为平台提供数据整合治理服务;多源异构数据处理、二三维数据库搭建、空间内容服务、三维可视化渲染等技术为平台层提供数据交换机制及孪生体服务,平台层又

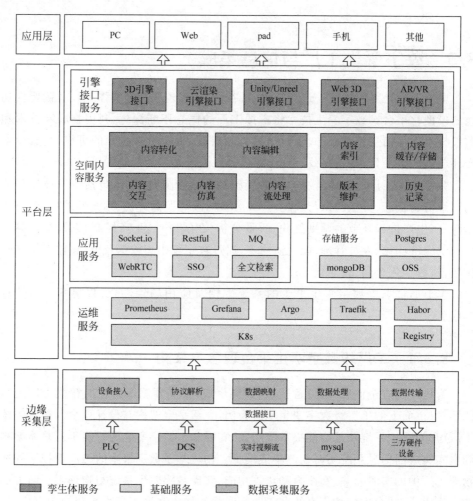

图 8-4　数字孪生平台架构

分为两层，上层为各数字孪生相关的技术，下层为以 K8s[①] 资源纳管/编排为核心的云原生技术组件；而应用层包含当前主流的人机交互技术，如电脑、平板、VR/AR、手机小程序等，用户无须到工厂现场，也能通过人机交互设备一览整个工厂的运行状态及工厂工艺和设备的细节。

8.3.2　系统信息多源融合

1. 多源数据融合

数字孪生平台采集融合了多类数据信息（如图 8-5 所示），分为空间和非空间

---

　　① Kubernetes 简称 K8s，是用 8 代替中间 8 个字符"ubernete"而成的缩写，是一个开源的平台，用于管理云平台多个主机中的容器化应用，Kubernetes 的目标是让部署容器化的应用简单而高效（powerful），Kubernetes 是提供了应用部署、规划、更新、维护的一种机制。

两类,数据源分为物理世界和数字世界两类,形象描绘了数据融合特点。第一象限为物理世界中的二维(非空间)数据,包括从物理信息系统和传感器中读取的信息,用于数据驱动及监控分析;第二象限为物理空间中的三维(空间)数据,用于搭建三维数字镜像及空间标注;第三象限为数字空间中的非空间数据,多为与业务相关的数据,用于待定业务需求的报表与汇总;第四象限为数字空间中的三维(空间)数据,用于设备模型的导入及复杂工艺的标注与拆解。

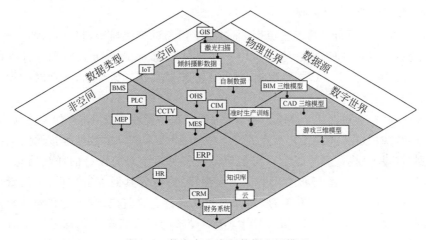

图 8-5　数字孪生多源数据空间模型

2. 业务系统/算法融合

工厂在信息化发展过程中,已出现了很多管理信息系统,例如 MES、WMS、DCS、ERP、PLM 等,它们对二维信息系统数据进行集成,有效提高了工厂的供应链管理、全生命周期管理、产品质量管理、成本管理、运维效率管理、人力资源管理等多方面的绩效。然而"信息孤岛"的缺点也暴露无遗,数据冗余及数据不一致导致沟通不顺畅,可能会增加设计时间、工作量及返工成本。因此利用数字孪生将这些业务信息集成到一起,基于模型的功能来定义、模拟、验证、优化和可视化生产过程,使数字孪生平台更具敏捷性,开放灵活地适应所有类型用户的需求,并融合智能分析算法,优化工厂运营,为工厂提供一个可观、可管、可查、可优的综合性系统平台。

3. 工业互联网融合

工业互联网是将智能制造系统进一步离散化、解构与重构,实现海量工业要素的泛在链接、弹性供给、高效配置,构建机遇与海量工业大数据采集、汇聚分析的服务体系,形成新的工业生态。

企业级数字孪生平台可对接工业互联网平台,利用云端机理模型和仿真算法进行虚拟调试、测试;将 PLC 和虚拟三维模型的点位进行关联,解析 PLC 程序;设置初始运动步骤与变量参数,进行数据和信号的实时交换设置等工作。

通过 OPC UA 协议可以连接到任何 OPC UA 服务器,与 PLC 组态实现对接。按照设备运动逻辑,一步步实现虚拟还原,通过控制虚拟设备真实展示 PLC 控制逻辑,对产线布局、工艺进行仿真模拟和优化,实现零成本试错,减少物理样机的制造成本。

8.3.3　工厂数字孪生平台功能应用

1. 数字还原,资产可视

按照真实工厂布局与工艺流程,通过建立设备的三维模型,将工厂内每一个作业设备按空间属性映射到三维平台中。并通过装配、动画等方式模拟零部件的运动,再对接现实工厂 PLC 指令数据,驱动模型按照真实场景运动,实现对物理世界工厂的动态数字还原。

与此同时,通过对工厂 MES、物联网中台、库存管理系统、ERP 等系统的集成,将设备的实时数据、关键工艺节点的动态数据、设备采购订单数据等按照空间数据绑定到对应设备模型和节点上。点击单个设备可显示对应设备的详细信息,包括但不限于设备参数、运行状态采购信息与温度、湿度等其他 IoT 数据,以便管理者对工厂设备资产进行可视化管理,对作业数据进行实时监控,对历史和异常数据进行回溯和分析。得益于实时渲染技术,真实设备的所有状态变化都可以实时反馈至虚拟模型,实现 1∶1 真实还原的动态映射,甚至连设备的倒影都能精准还原,做到精细至毫秒级的资产可视(如图 8-6 所示)。

图 8-6　数字还原

2. 全景漫游与远程运维

全景漫游是指通过人机交互设备,在数字孪生平台上查看工厂车间的运行情况,在电脑设备上操控鼠标和键盘可在 3D 场景中实现 360°视角切换,进行场景的切换、俯视、平视、旋转等基本操作,无死角查看工厂各个区域的情况。

也可以通过自动漫游模式(如图 8-7 所示)实现远程运维,即系统通过预定义的路线,自动飞行巡检工厂的运行状态,漫游至重点设备时,会自动弹出巡检员比较关心的数据,从而代替厂区内的人力巡检,提高巡检效率,节约人力成本。

图 8-7　工厂虚拟漫游

3. 智能发现问题

智能发现问题在管控平台中主要包括显性问题的发现和隐性问题的挖掘。显性问题的发现可通过生产过程中清晰的状态而感知,包括车间生产过程中的设备工况、生产节拍、过程实况、物料信息、人员操作、能耗变化、产品质量和安全环境等状态的实时感知。隐性问题的挖掘主要基于数字孪生的智能车间,通过应用大数据及生产系统模型,建立多级指标连接响应机制,及时模拟生产情况,借助虚实对照,实现流程差异反馈和历史环节追溯。主要包括以下几方面的应用。

1) 通过 KPI 看板监控业务管理问题[5]

(1) 效率看板。通过设备开机率、有效利用率、资源调度效率、人员绩效分析、异常处理响应效率综合展示车间生产效率问题和订单执行进度,辅助管理层开展短期调整和长期优化工作,监控业务管理。

(2) 质量看板。聚焦工件质量问题信息,实时把控工件质量趋势数据,奠定质量优化基础,并且以项目为单位开展交付产品质量管控工作,监控业务管理。

(3) 风险看板。通过识别异常信息,结合历史数据分析识别当前项目风险,支持定位具体的风险预示指标,如项目质量风险、项目成本风险、项目进度风险,监控业务管理。

2）实时告警

在工厂生产过程中设备、系统、资源出现异常时会发出警报,使红色及橙色醒目标识在三维场景中闪烁,关联位置信息并伴有语音提醒。点击异常位置的标识,弹出异常信息卡片,展示异常描述,并能实现一键查询关联信息功能,为用户提供客观的异常相关信息,快速定位可能造成异常的原因。可用于加工设备实时数据和产线状态监控,以及业务管理监控。

3）虚实交互发现问题

针对生产过程精准建模,并对相关结构部件进行精简优化,在发现问题的同时通过虚实交互解决问题,可应用设备/产线/车间建模、精简结构部件、合并优化场景,监控业务管理。

4）历史事件回溯

在出现问题与异常之后,可通过历史数据回溯模拟过去一段时间内的工厂设备运行状态信息,同时支持历史摄像的回放画面融合。通过回溯辅助分析事件原因,使工厂产线与设备优化到最佳运行状态。

4. 智慧决策

通过数据可视化建立一系列智能决策模型,以实现对当前状态的评估、对过去发生问题的诊断及对未来趋势的预测。基于业务层面提供全面、精准的决策依据,从而形成"感知—预测—行动"的智能决策支持系统。智能决策主要应用于通过信息节点数据和三维模型提升系统管控能力。

（1）通过信息节点数据强化系统管控,实现订单生产进度的实时追溯;同时实现生产计划相关数据的查看,如物料、刀具、工装需求计划等信息。

（2）通过三维模型强化系统管控,实现生产过程三维模型的真实模拟加工运动,物料的运送都与真实场景实现1∶1还原;生产制造订单的每个工件都可实现制造记录的追溯。

5. 虚拟培训

通过数字孪生搭建一套培训系统,使学员快速接触工厂各个应用场景,提供实操机会及操作指导,学员可24小时任意时间参加线上培训,快速提高技能水平的同时,避免线下培训日程难预约产生差旅费用。主要培训场景如下。

（1）基于模型的装配指导,在线解析产品三维模型及其树状结构,通过产品爆炸图的形式标注各零配件信息,动画演示装配顺序。

（2）VR实操练习,通过佩戴VR设备,可沉浸式地进入工厂内部,了解厂房样貌及产线生产情况。可通过控制VR手柄(如图8-8所示),基于装配流程SOP提示,一步一步地练习操作。

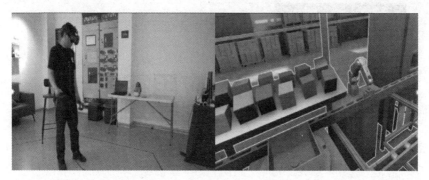

图 8-8　VR 实操练习及设备

本章拓展阅读

工业数字孪生白皮书

数字孪生城市白皮书

习题

1. 数字孪生的发展经历了哪几个阶段？请分别描述。
2. 数字孪生的五大驱动要素是什么，之间有什么样的关系？
3. 数字孪生如何赋能产品全生命周期？
4. 数字孪生在工厂中集成了哪些重要技术，发挥了哪些作用？

参考文献

[1]　中国电子技术标准化研究院.数字孪生应用白皮书[R].中国电子技术标准化研究院,2020.

[2]　德勤.制造业如虎添翼：工业 4.0 与数字孪生[R].融合论坛,2018.

[3]　国家工业信息安全发展中心.工业设备白皮书[R].国家工业信息安全发展中心,2021.

[4]　刘义,刘晓冬,焦曼,等.基于数字孪生的智能车间管控[J].制造业自动化,2020,42(7)：148-152.

[5]　工业互联网产业联盟.工业数字孪生白皮书[R].中国信息通信研究院,工业互联网产业联盟.2021.

第 9 章

信息集成技术应用案例

制造系统中的信息集成技术已经在很多企业实践中得以广泛应用。本章通过两个不同生产系统中信息集成技术典型应用案例的分析,对多种信息集成技术的实践应用方式进行介绍。两个案例中,一个是某设备生产公司的检修系统,另一个是某企业的球团生产系统。这两个案例分别体现了离散型和连续型制造系统中信息集成技术较为典型的应用特点。

9.1　铁路设备智能检修系统

某铁路设备有限公司(简称某铁路设备公司)于 2007 年 10 月注册成立,是一家具备车轮、车轴、轮对等产品设计、加工、组装、实验和检修能力的企业。在智能制造方面的探索和实践大幅提升了公司的效率。

9.1.1　MES 总体介绍

近年来,某铁路设备公司启动了智能制造项目,以智能制造为主线,整合企业价值链中的多种流程。这一项目旨在开发和实施一套设备检修 MES,将其作为现场控制层的主要信息系统,发挥着联结企业 ERP、APS 系统与设备控制层的核心作用。检修 MES 的导入将为操作/管理人员提供计划执行、跟踪的能力,并监控所有资源(人、设备、物料等)的当前状态,以达到控制和防错(工单任务控制和防错、工序过程控制和防错)的目的,并与公司旧 MES 充分集成,以完善生产追溯(物料、设备、人员、过程等)和决策支持(不良趋势分析、产能分析、人员工时统计分析)(如图 9-1 所示)。

该 MES 的架构包含 3 个主要层次,即管理层(ERP、PLM 等)、执行层(检修 MES)及控制层(工控/传感等)(如图 9-2 所示)。管理层包括企业资源计划、客

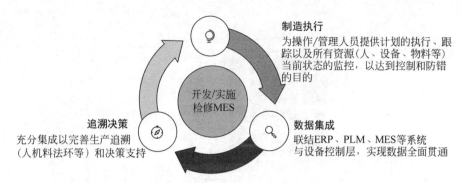

图 9-1　铁路检修 MES 项目目标

户关系管理、计划排程等高级管理决策功能,涵盖了自上而下统筹管理的整体功能;执行层的输入输出终端包括固定显示终端、手持平板和手持终端,由统一网关进行管理,使用数据库进行数据存储,通过网络进行同步,涉及制造执行、设备管理、安全管理等具体的管理和监控终端;而控制层层面包括计算机视觉、RFID/条形码及传感器等硬件和软件功能的实现。管理层与执行层间、执行层与控制层间直接进行信息与控制的交互,而管理层和控制层之间并不进行直接的信息交互。

从功能架构看,该系统包括计划排程、制造执行、设备管理、质量管理、物流管理、安全管理、业绩管理、工艺管理和系统设置 9 大主要功能(如图 9-3 所示)。基于上述 9 大功能,企业能够依托底层数据库和智能算法实现良好的智能管理和智能制造,并实现跨设备、跨终端的信息互联和软硬件互联,从而形成从数据采集、传输到完全一体化呈现的智能制造系统。

下面针对信息集成与数字孪生、自动化生产系统中的信息集成等技术在铁路检修 MES 系统中的应用进行详细介绍。

9.1.2　数字孪生技术

在学术界的定义中,数字孪生是以数字化方式创建物理实体的虚拟实体,借助历史数据、实时数据及算法模型等,模拟、验证、控制物理实体全生命周期过程的技术手段。在检修 MES 中,便使用了数字孪生技术提供设备装填、产品/物料位置和状态等信息的可视化展示,并提供 2D 和 3D 显示两种呈现模式。前者为不同层级管理者和操控人员提供了一个轻量级的管理界面,后者则为他们提供了更加系统、全面、直观的管理工具。

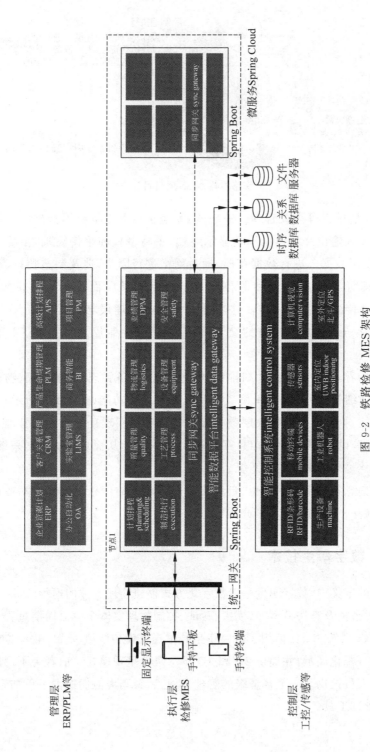

图 9-2　铁路检修 MES 架构

注：Spring Boot 是 Java 平台上的一种开源应用框架，用于简化 Spring 应用的搭建和开发过程。

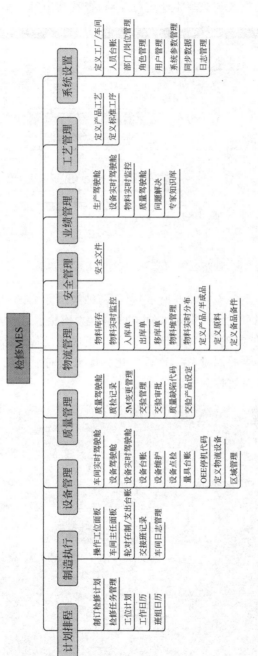

图 9-3　铁路检修 MES 功能架构

在该系统的 2D 显示模式下(如图 9-4 所示),其数字孪生体以检修车间平面图为地图,通过实时的 UI 渲染技术在终端上呈现被监控设备和物料的实时信息,同时能够通过界面点击的方式与该孪生体进行互动,查看其中每个实体的实时状态。

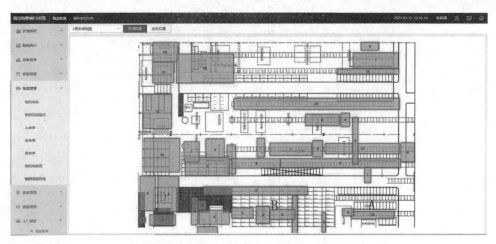

图 9-4　铁路检修 MES 数字孪生 2D 显示界面

该系统的 3D 显示模式(如图 9-5 所示)存在两种解决方案:

方案一为具有较强可视化渲染效果的 3D 可视化,该显示模式能够观察可翻转的检修车间模型,并能够实现对车间细节的缩放。当现场设备或物料出现问题时,该系统会在及时推送警告的同时,在 3D 可视化界面上实时显示红色警告标志,有利于实现检修车间的实时监控和问题精准定位。

图 9-5　铁路检修 MES 数字孪生 3D 显示界面

方案二更注重数字孪生中的 3D 仿真引擎性能和效果,这一方案的可视化渲染效果相对较差,但能够对检修车间构建可测试的仿真模型。该模型不仅能够呈现检修车间的实时状态,还能通过改变仿真模型的参数,实现对该检修车间虚拟模型的数字化测试。受限于计算能力,方案二虽然在可视化效果方面较方案一有所弱化,但是它较完整地实现了数字孪生的核心功能,即可视化和仿真功能。

9.1.3　自动化生产系统信息集成技术

自动化生产系统通常是由加工、检测、物流和装配线等多个单元加上计算机控制系统单元构成的。为了让计算机控制单元进行自动化生产,需要对上述单元内的信息进行集成。信息集成的基本需求数据是保证生产自动化的最小数据集合,如加工单元中基本的需求信息可能包含零件的身份标识(如 RFID 代码)、零件加工工艺参数等;检测单元中则可能需要检测工艺的标准、物料的标准等信息;而在装配单元中可能需要装配设备的运行信息和流程的控制信息等。

不难发现,自动化制造系统的信息集成一般涉及 3 类需求数据,分别是生产的基本运营类信息、控制类信息和系统状态类信息。一般而言,基本运营类信息包括设备编号、类型和数量等指标,其用途是维护产线的运营;控制类信息包括工艺路线、程序代码、生产计划数据、交货期等信息,用于产线的自动化生产;系统状态类信息包括机床的运行时间、故障时间、物料状态、加工进度等,能够反映当前生产进程中的资源状况。

在铁路检修 MES 中,基本运营类信息是在生产运营开始前设定好的。该系统提供了"车间实施驾驶舱""设备驾驶舱""设备台账""量具台账"等可视化管理界面,在这些供管理者对生产设备和物料等进行管理的平台中,预先输入车间的设备编号、类型和数量,并记录仓库的存储上限、各托盘的位置等信息,可以实现便捷的产线维护和运营。这些信息是工厂或车间本身的属性,是相对稳定和"静态"的。

在该系统的"工艺管理"界面上,可以创建生产计划,如产品的生产工艺、BOM 表等,并在整个系统中进行同步。通过底层数据库,管理者能够对产品的工艺进行增、删、改、查等操作,这些行为将会引发生产流程等实际操作的相应调整,而在该界面输入和呈现的消息即该系统的控制类信息。

系统状态类信息则以可视化界面实时变化的数值和颜色等方式呈现。以该系统的车间实时驾驶舱(如图 9-6 所示)为例,依靠部署在生产系统中的大量传感器,这一驾驶舱界面能够实时展示物料的库存、紧急系数(反映库存量的参数)等数据,并将采集到的数据直观地呈现在驾驶舱的控制界面上,第一时间反映当前的动态生产资源状况。

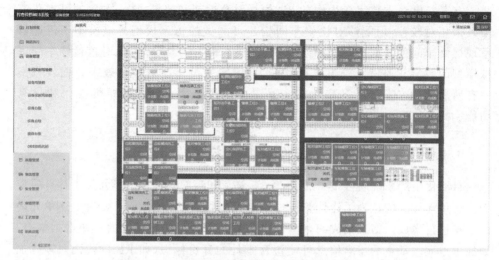

图 9-6　铁路检修 MES 车间实时驾驶舱

9.2　智能球团车间信息集成技术

　　某公司发挥专业、技术、管理优势,聚焦服务国家"双碳"战略和国家战略资源开发利用,打造我国及华北地区精品绿色智能冶金炉料示范基地、沿海新材料示范基地。

　　公司带式焙烧球团生产线(简称球团车间),设计开发先进的数字化、智能化系统,定制化生产的多系列球团产品是高炉的优质入炉原料。下面介绍其智能化球团车间信息集成设计方案。

9.2.1　信息集成设计方案介绍

　　球团是钢铁冶炼工艺的一部分,通过将精矿粉、熔剂等混合物在造球机中滚成直径 8~15 mm 的生球,再经干燥、焙烧,固结成型,成为具有良好冶金性质的含铁原料,供给钢铁冶炼[1-3]。球团烧结主要涉及预配料、辊压、配料、混合、造球、焙烧、筛分等工艺,主要设备有带式焙烧机、辊压机、混合机、造球盘、焙烧机燃烧系统、振动筛分机、胶带机等。

　　球团车间信息集成设计方案分为五个层次,分别为 L1 基础自动化、L2 过程自动化、L3 现场执行、L4 业务运营和 L5 决策支持(如图 9-7 所示)。L1 基础自动化包括 PLC、测量仪表、传感器等控制单元、数据采集与传输的软硬件设施,这一部分是系统信息的来源及控制信息的终点,支撑 L2~L4 的正常运作。L2 过程自动化包括 WINCC、SCADA 等过程控制系统,是自动化生产系统工序层面的信息集成,这一部分在设备及工序间实现数据集成。L3 现场执行并实现包括 MES 在内的计

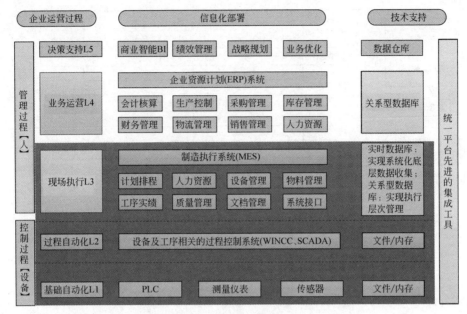

图 9-7　球团车间信息集成设计总体方案

划排程、工序安排等生产现场层面的信息集成,对 L2 的数据信息进行进一步分析汇总、语义建模,形成可供管理人员分析控制的数据。L4 业务运营实现包括 ERP在内的生产控制、采购管理、库存管理等企业不同业务需求的信息集成,为企业管理提供分析手段及业务支撑。L5 决策支持则实现企业战略层面的决策优化,通过综合 L1~L4 的数据,结合现代智能分析方法,为企业战略规划相关决策提供参考依据。

下面针对制造系统信息集成的关键技术、自动化生产系统中的信息集成、信息集成与数字孪生在企业球团车间案例中的应用进行详细介绍。

9.2.2　信息集成的关键技术

球团车间通过建设集中管控软件实现系统信息的集成。下面结合集中管控软件架构的设计与建设,介绍球团车间系统中信息集成关键技术的应用。

1. 数据平台

通过数据平台的建设,实现数智化整体系统重要数据的共享和复用,包括实时/时序数据、业务数据、分析数据等。数据平台需要开放标准访问接口。数据平台汇总管理 L2 层所有采集的数据、L3 层以上所有开放的业务数据和分析数据。数据平台架构包括数据共享、数据质量和数据应用 3 大部分(如图 9-8 所示)。

数据共享方面,经过数据采集和清洗,3 种不同类型的数据将分别存储至不同数据库。

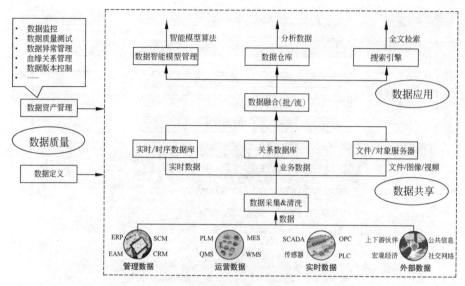

图 9-8　数据平台架构

（1）实时数据：毫秒级/秒级时序数据来自 L2 层实时数据源，采用实时数据库（如 PI 等）或时序数据库（如 InfluxDB、TimescaleDB 等）进行管理，提供高并发写入、高比例压缩、低延迟查询等存储和查询服务，同时提供历史数据库（可以是关系数据库），针对时序数据的所有历史数据提供存储和查询服务。

（2）业务数据：采用关系数据库（如 Oracle、PostgreSQL 等），对 L2 层以上开放业务数据提供存储和查询服务。

（3）文件/图像/视频：采用文件数据库（如 MongoDB、HDFS 等），对 L2 层以上采集的文件、图像和视频数据提供存储和查询服务。

三种数据类型均提供开放数据访问接口，供所有数字化系统调用。

数据质量方面，通过数据资产管理确保数据完整、正确、准时，具体包括以下功能。

（1）数据监控：需要确保任何步骤数据都不会丢失，因此需要监控所有程序正在处理的数据，以便尽快检测到所有异常。

（2）数据质量测试：需要对数据质量进行测试，确保数据出现任何意外值时，都会触发告警。

（3）数据异常处理：需要监控每个数据源的预期完成时间，对延迟的数据源发出警报。

（4）血缘关系管理：需要管理数据血缘关系，梳理每个数据源的生成方式，在出现异常时，判断哪些数据会受到影响。

（5）数据版本控制：需要对数据源程序进行版本控制并将其与数据关联，以便在数据源程序更改时，对相关数据进行更改。

通过数据定义功能对数据平台中的数据规范进行定义。

数据应用方面,在数据共享和数据质量模块基础上,采用批/流计算引擎(如Flink、Spark 等),计算业绩指标、计算异常风险、构建数据管道等。

计算结果可存储至数据仓库(如 Clickhouse、Kylin、传统数据仓库等),供数据分析使用;或直接提供给数据智能模型进行训练和计算;还可提供给搜索引擎进行知识库的构建。

2. 模型算法库

模型算法库采用微服务架构构建。对外统一接口网关,采用 HTTP 协议RESTful 架构,主流程序语言编写的数字化系统都可以方便调用。对内将每个模型算法封装成一个微服务,融入整个微服务架构体系,自行发布 RESTful 接口及其在线接口文档,每个模型算法微服务也可以提供多种算法实现和算法版本。

9.2.3　自动化生产系统中的信息集成

在智能球团车间,构建自动化生产系统是系统设计与建设的重点之一。球团生产具备连续性生产的特征,即物料在生产系统中连续运转,形成物流。同时生产线产生的相关数据在系统中的传输也具备连续性特征。数据流和物流是生产系统的两条"生命线"。一方面,物流过程中设备不断产生相关生产数据,实时反馈生产状态;另一方面,分析生产数据得到的控制指令又传回相关设备,进而控制生产和物流。因此,整理数据流和物流可以将两者的关系理清,并根据物流和数据流需求设计数据点位,为自动化生产系统信息集成提供数据基础。

根据设备及工序资料整理的结果,按照工序将球团生产的数据流及物料流划分为料场系统、预配料系统、造球系统和焙烧及筛分系统。通过对球团生产过程的分析,根据不同生产阶段(平稳生产阶段和启动生产阶段)对数据进行分析。在数智化过渡阶段,存在部分仍需要人工干预的数据点位,由人工辅助输入或确认部分数据。在数智化阶段,数据的采集、传输、存储则完全由信息集成系统完成,仅保留部分机器无法替代的人工操作,如数据确认等。

通过数据流、物流分析,将智能生产系统所需的数据点位及对应的物流信息进行梳理,列出传感器的布置点位及其采集数据的类型和属性。该过程输出的数据点位及优化方向是整个智能生产系统的数据基础,明确了生产数据的来源及控制信息的作用位置。

以 L2 层的过程自动化和数据采集与监控两方面为例。在过程自动化方面,采用 DCS/SCADA 系统实现包括上料自动控制、智能配料、混合补水自动控制、造球自动控制、自动布料、智能温度平衡和智能风平衡在内的自动控制功能。在数据采集与监控方面,采用 DCS/SCADA 系统实现数据采集、数据处理和数据存储功能,管控的数据类型包括时序数据和图像/视频数据。

同时,L2 层的数据集成提供了以下接口。

(1) 开放数据接口:L2 层需为时序数据提供开放数据接口,提供支持 OPC

UA 协议的服务,方便与 L3 及以上层的 MES、ERP 等系统进行数据集成。支持 OPC UA 的数据接口需提供数据订阅(PUSH)机制。

(2) 控制系统接口:L2 层的控制系统需提供 Modbus、Profibus 等总线接口。

(3) 数据库访问接口:L2 层需提供不同数据类型的数据库访问接口,如 PIL、InfluxDB 等实时/时序数据库,存放时序数据,历史数据库存放时序数据的历史数据,对象数据库存放摄像头采集的图像和视频数据。

(4) 数据日志接口:L2 层需提供所有数据流动的日志记录,以数据库或日志文件的方式,日志记录包括每条数据的数据时间、数据流向(发送节点、接收节点)、数据类型、数据内容等。

9.2.4　信息集成与数字孪生

企业球团数字孪生系统是由物理工厂及其虚拟工厂虚实映射构建的闭环(如图 9-9 所示)。部署于物理世界的大量传感器,实时采集工厂全方位运行数据,通

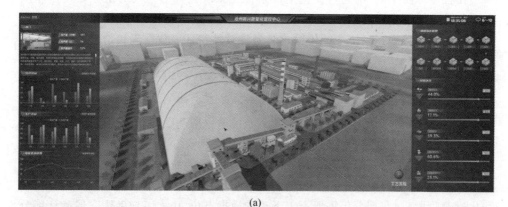

(a)

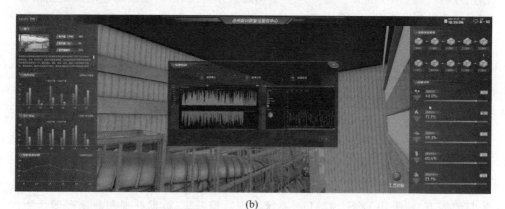

(b)

图 9-9　球团车间数字孪生系统

(a) 数字孪生 3D 可视化和业绩可视化;(b) 基于数字孪生的设备健康管理

过边缘计算预处理,在安全机制保障下,将数据同步通信至虚拟工厂,高质量数据经过聚合分类和批流融合计算得出高阶信息,即工厂关键状态和异常风险,通过3D模型可视化技术使其在移动终端、电脑、电视、大屏等终端呈现,提供实时通知、管控看板、集控大屏等交互场景,再进一步将 3D 模型与人工智能、知识图谱、仿真引擎等智能技术结合,实现智能算法和规划方案的仿真模拟验证场景,最后将一系列数据分析结果反馈至物理工厂的相关执行器,完成控制指令的下发、决策参数更新等任务,以上过程在车间全生命周期持续循环运行。

数字孪生闭环架构需要与 ERP、MES、控制系统乃至各种遗留系统进行数据集成,使虚拟工厂具备更全面的运营数据和更精准的智能模型。

数字孪生的实施路径分阶段进行。

(1)数字孪生 3D 建模:构建球团车间的数字孪生模型,通过 3D 方式对球团的生产过程和物流过程进行建模,打造物理产线的数字模型。

(2)数字主线:使用全生命周期的系统工程框架和算法,串联打通各数字化系统,整合每一批次球团成品的全生命周期数据,提供追溯、查询功能,融入数字孪生的集中管控和模拟仿真场景,实现产品全生命周期的追溯,促进质量问题解决,提高客户满意度。

(3)集中管控:通过 3D 可视化全方位量化展示生产执行、工艺控制、设备健康、物料库存、能源消耗、环境状态等过程,与视频监控摄像机组、巡检机器人进行虚实联动,典型内容如下。

① 生产管理:通过数字孪生实时监控生产数据,提高生产异常反应速度,查漏补缺。同时推进多种数据的融合,提高系统监控质量,解决生产数据不透明、生产过程无法把控、生产系统操作烦琐而对工人技术要求高等问题。

② 质量管理:通过数字孪生集成 3D 数据可视化面板、质量过程可视化监控、过程能力指数(process capability index,CPI)统计分析、可视化追溯等质量工具,从而解决不良率过高、质量过程控制不到位、数据统计缺乏或不直观等问题。

③ 设备管理:通过数字孪生的虚拟工厂及其配套交互终端,可在"一张图"上实时接收声光告警,直观定位故障位置并了解设备异常状态,同时提供时间回溯查看功能,帮助工程师快速诊断故障原因,接入设备预测性维护算法;还可预判设备状态,与计划排程算法联合优化生产和维修计划,从而提升设备故障维修效率、降低设备故障影响、实现少人化目标。

④ 物料管理:通过数字孪生,3D 可视化物流各环节展示更容易发现物流瓶颈,3D 可视化库存更容易进行盘点并优化库存设置,有助于更合理地优化库区规划,从而解决物流环节不透明、效率低、库存设置不合理、WMS 库存难以准确核对等问题。

⑤ 能源管理:通过数字孪生,分区全方位监控和管理能耗情况,全面统计碳排放情况,对高能耗和高碳排等风险进行预警并提供直观追溯。

⑥ 安环管理：通过数字孪生,对环境品质进行实时监测,提供可视化数据显示及预警告警,对污染源源头进行监控。

（4）仿真模拟与验证：数字孪生还需提供管理决策由管理者经验型向模型/数据驱动的智能化决策模式转型的能力,提升基于算法模型的智能决策的质量和效益。

① 智能算法验证：在球团车间数字孪生模型和集中管控场景基础上,进行智能场景下智能算法的仿真模拟验证,如计划排程、原料供需、设备检修、能耗优化、智能配料等,保证智能算法在现实不确定环境中的可行性。

② 生产运营仿真：在数字孪生虚拟工厂中,进行生产运营的仿真模拟,如变更物流、变更胶带机速度、变更换型时间、变更物流路线等,对变更后的运营效率进行评估,零成本试错,为生产运营决策提供参考建议和改善方案。

本章拓展阅读

IBM 智能制造解决方案

参考文献

[1] 张福明,张卫华,青格勒,等.大型带式焙烧机球团技术装备设计与应用[J].烧结球团,2021,46(1)：66-75.

[2] 于强.球团生产过程中节能降耗与减污的工艺实践探究[J].山西化工,2022,42(2)：285-286,290.

[3] 邓睿.带式焙烧机制备镁质熔剂性球团研究[J].中国冶金,2021,31(2)：55-59.